现代机械设计理论与应用研究

高　飞　张彦松　李泽仁　著

中国建设科技出版社
北　京

图书在版编目(CIP)数据

现代机械设计理论与应用研究 / 高飞，张彦松，李泽仁著-- 北京：中国建设科技出版社，2024. 10.
--ISBN 978-7-5160--4272-4

Ⅰ. TH122

中国国家版本馆 CIP 数据核字第 202419CT29 号

现代机械设计理论与应用研究

XIANDAI JIXIE SHEJI LILUN YU YINGYONG YANJIU

高　飞　张彦松　李泽仁　著

出版发行：中国建材工业出版社

地　　址：北京市西城区白纸坊东街 2 号院 6 号楼

邮政编码：100054

经　　销：全国各地新华书店

印　　刷：唐山唐文印刷有限公司

开　　本：787mm×1092mm　1/16

印　　张：12. 5

字　　数：200 千字

版　　次：2025 年 1 月第 1 版

印　　次：2025 年 1 月第 1 次

定　　价：72. 00 元

本社网址：www. jccbs. com，微信公众号：zgjcgycbs

PREFACE 前言

随着科学技术的快速发展，机械设计从传统的经验型设计逐步演变为以科学理论为基础的现代化系统。这一进步使设计过程更加高效、精确，并赋予产品更强的功能性和可靠性，为各类工业设备的创新奠定了基础。与传统设计方法相比，现代机械设计理论强调多学科的交叉融合和系统化设计。力学、材料科学、控制工程和计算机科学等学科的结合，使得设计方案不仅考虑结构和功能，还关注动态性能和系统优化。特别是有限元分析、拓扑优化等先进技术的引入，为复杂机械结构的设计提供了理论支持，并使产品在强度、重量和成本之间达到更优的平衡。随着工业 4.0 和智能制造的推进，设计中逐渐融入物联网、大数据和人工智能技术，使得机械产品能够具备自适应能力和智能监控功能。此外，绿色设计理念在现代机械设计中占据了重要地位，通过选择环保材料和优化能耗效率，机械设备不仅满足市场需求，也符合可持续发展的要求。

本书旨在系统阐述现代机械设计的核心理论、关键技术及其在实际工程中的应用，帮助读者深入理解机械设计的最新发展趋势与实践路径。在当前科技快速变革的背景下，机械设计已从传统的经验型方法逐步发展为多学科交叉融合的现代体系，涵盖了智能化、材料科学、自动化等多个领域。本书力求为读者提供一个全面、实用的知识框架，指导机械设计的理论学习与实践应用。全书涵盖了现代机械设计的概述、材料选择与仿真技术的应用、机械传动系统设计、智能化与自动化技术，以及先进材料、创新实践、可持续发展和安全环保等主题。每章内容逻辑清晰、层层递进，不仅介绍了相关理论与技术，还结合案例分析与行业实践，探索了未来机械设计的发展方向与挑战。特别是在智能制造和绿色设计的背景下，本书讨论了现代机械设计如何应对市场需求的变化，推动制造业的转型升级。本书适用于高校机械类专业的师生、从事机械设计与制造的工程技术人员，以及有志于了解机械设计最新进展的研究者。通过对关键技术和应用领域的系统分析，本书不仅能作为学习参考书，也为从事机械设计工作的实践者提供技术支持与设计思路。

作者在写作本书的过程中，借鉴了许多前辈的研究成果，在此表示衷心的感谢。由于本书需要探究的层面比较深，作者对一些相关问题的研究不透彻，加之写作时间仓促，书中难免存在一定的不妥之处，恳请前辈、同行以及广大读者斧正。

CONTENTS 目录

第一章　现代机械设计概述 ………………………………………… 1

第一节　现代机械设计的定义和分类 ………………………………… 1

第二节　现代机械设计的发展历程 …………………………………… 7

第三节　现代机械设计的重要性和应用领域 ………………………… 14

第四节　机械加工技术对现代机械设计的影响 ……………………… 20

第二章　机械设计中的材料选择与应用 …………………………… 23

第一节　材料选择的基本原则 ………………………………………… 23

第二节　常用材料的特性及适用范围 ………………………………… 31

第三节　材料在机械设计中的应用 …………………………………… 37

第四节　材料选择在机械加工中的注意事项 ………………………… 42

第三章　现代机械设计中的仿真与优化 …………………………… 45

第一节　优化设计的基本概念与方法 ………………………………… 45

第二节　仿真技术在机械设计中的应用 ……………………………… 48

第三节　仿真与优化在机械制造中的应用前景 ……………………… 51

第四章　机械传动系统设计与应用 ………………………………… 61

第一节　机械传动系统的基本原理 …………………………………… 61

第二节　常见机械传动系统的设计与优化 …………………………… 63

第三节　机械传动系统在现代机械设备中的应用 …………………… 70

第四节　机械传动系统的维护与故障排除技巧 ……………………… 77

第五章　现代机械设计中的智能化与自动化 ……………………… 84

第一节　智能化与自动化在机械设计中的意义 ……………………… 84

第二节　智能化与自动化在机械制造中的应用 ……………………… 90

第三节　智能化与自动化对机械加工的影响和挑战 ………………… 100

第六章 机械加工技术与工艺…………104
第一节 机械加工技术的基本概念与分类…………104
第二节 传统机械加工技术的发展与创新…………109
第三节 数控机械加工技术的应用与优化…………113
第七章 先进材料在机械设计中的应用…………123
第一节 先进材料的特性与分类…………123
第二节 先进材料在机械设计中的应用…………129
第三节 先进材料在机械加工中的挑战与解决方案…………132
第四节 先进材料对机械设计的未来发展趋势…………141
第八章 机械设计中的创新与发展…………145
第一节 创新在机械设计中的重要性与价值…………145
第二节 基于创新的机械设计方法与实践…………149
第四节 创新对机械加工行业的影响与启示…………152
第九章 机械设计中的可持续发展…………156
第一节 可持续发展理念在机械设计中的应用…………156
第二节 可持续发展对材料选择与设计的影响…………160
第三节 可持续发展对机械设计未来的启示…………163
第十章 机械设计中的安全与环保…………168
第一节 安全与环保意识在机械设计中的重要性…………168
第二节 机械设计中的安全与环保要求…………171
第三节 安全与环保在机械加工中的实践与挑战…………178
第四节 安全与环保对机械设计的影响与展望…………184
参考文献…………192

第一章　现代机械设计概述

第一节　现代机械设计的定义和分类

一、机械设计理论的定义

机械设计理论是研究机械设计的内涵及其内在规律的一门学科，旨在将人们对机械设计的感性认识上升到理性认识。这门学科不仅涵盖机械设计本身的技术细节和方法，还涉及相关的科学、技术、工程、社会和美学等多方面的知识。机械设计理论的基础是经典科学，包括数学和物理学等。数学为机械设计提供了必要的工具和方法，例如微积分、线性代数和概率统计等，帮助设计师进行精确的计算和分析。物理学则提供了对自然界基本规律的理解，例如力学、电磁学和热力学等，这些理论在机械设计中被广泛应用。例如，理解力和运动的关系是设计机械传动系统的基础，而热力学原理则在热机和冷却系统设计中起到关键作用。技术科学也是机械设计的重要组成部分，包括机械学、材料学和制造学等。机械学研究机械运动和力学性能，为设计提供了理论依据。材料学则研究材料的结构和性能，帮助设计师选择合适的材料以满足机械的强度、耐久性和其他性能要求。制造学关注制造工艺和技术，例如焊接、铸造、锻造和切削等，确保设计的机械能被有效地制造出来。技术科学的进步不断推动着机械设计的发展，使得设计更加精确、可靠和高效。实用工程理论也是机械设计的重要领域，包括工程力学和材料力学等。这些理论结合了经典科学和实际工程经验，为设计提供了实践指导。工程力学研究工程结构和机械系统中的力和运动，帮助设计师分析和优化机械结构的性能。材料力学则研究材料在不同应力条件下的行为，为机械零件的设计和选材提供了依据。这些实用工程理论使得机械设计不仅有据可依，还能在实际工程中得到有效应用。

社会学和美学也是机械设计不可忽视的方面。社会学研究机械设计对社会的影响和需求，为设计师提供了用户需求和社会环境的背景信息。美学则关注机械设计的外观和用户体验，强调设计的视觉效果和使用舒适度。一个成功的机械设计不仅需要满足技术和功能要求，还要考虑到用户的使用体验和审美需求。社会学和美学的结合使得机械设计更加人性化和多样化。机械设计理论涉及范围广泛，我们可以从不同的角度去归纳和总结其内容。可以从学科交叉的角度，探讨机械设计如何结合数学、物理学、材料学等多个领域的知识进行创新设计；也可以从应用场景的角度，分析机械设计在不同工业领域中的具体应用和案例研究。无论从哪个角度出发，机械设计理论都是一门不断发展和创新的学科，其最终目标是通过科学和艺术的结合，为人类创造更加高效、可靠和美观的机械产品。

二、机械设计理论的分类

（一）从工程角度的分类

1. 工程分析理论

工程分析理论的核心在于确定影响工程系统性能的变量种类和数量，包括材料性能、物理参数和数学常数等。通过这些变量，工程师们可以建立描述系统静态和动态状态的数学模型。例如，在运动过程的分析中，工程师需要考虑系统的静止、启动、加速和制动等状态，以及振动规律和能量传递过程。此外，工程师还需要研究物料流动的规律，以确保系统能够高效地处理物料。这些分析不仅包括静态的结构强度分析，还包括动态的振动和冲击分析，以确保系统在各种工作条件下的稳定性和可靠性。

2. 工程设计理论

工程设计理论则侧重于在设计人员的直接参与下，确定工程系统的主要设计参数种类。在初步预测初始条件、边界条件和载荷条件的基础上，设计人员可以预测系统性能，并优化设计参数。这个过程包括对系统性能的全面预测，从而能够进行强度分析和动态分析等特殊性能的评估。例如，在设计一台机械设备时，设计人员需要预测其在不同载荷和工作条件下的表现，以确保其能够满足实际应用需求。此外，设计人员还需要考虑材料的选择和制造工艺，以确保设计的可行性和经济性。

3. 现代机械设计理论的融合

在现代机械设计理论中，工程分析和设计理论得到了进一步的发展和融合。计算机辅助设计（CAD）和有限元分析（FEA）等工具的广泛应用，使得工程师可以在虚拟环境中模拟和优化设计。这不仅提高了设计效率，还大大减少了试验和测试的成本和时间。

现代机械设计还强调跨学科的协作，结合材料科学、控制理论和信息技术等多个领域的知识，以开发出更高效、更智能的机械系统。

（二）从设计角度的分类

1. 参数优化理论

参数优化理论在机械设计中起着至关重要的作用。它涉及确定设计变量的最佳组合，以提高系统的整体性能。这些变量可能包括尺寸、形状、材料和操作条件等。通过优化参数，设计师能够找到在特定约束条件下，使系统性能达到最佳的设计方案。例如，在机械传动系统的设计中，优化齿轮的齿数、模数和齿形，可以显著提高传动效率和耐用性。

2. 结构形状优化理论

结构形状优化理论主要利用有限元法（FEM）和能量法来优化机械部件的形状和结构。有限元法通过将复杂结构划分为小的有限单元，进行数值模拟，以预测结构在不同载荷下的响应。利用这种方法，设计师能够优化部件的形状，以提高强度、减轻质量和改善性能。而能量法则通过分析系统的能量分布和传递，优化结构的几何形状，以实现最优性能。例如，在航空航天领域，利用结构形状优化理论，可以设计出既轻便又坚固的机翼结构。

3. 最优设计方法

最优设计方法包括三次设计法、系统分析法、动态设计法和创新设计法。三次设计法是指在设计过程中进行三次迭代，不断改进设计方案；系统分析法则通过对系统各部分的综合分析，找到最佳设计方案；动态设计法注重系统在动态条件下的性能优化；而创新设计法则鼓励设计师突破传统思维，探索新的设计思路和方法。现代机械设计理论融合了这些方法，强调跨学科的协作和创新，以开发出高效、可靠和智能的机械系统。

4. 科学设计过程

科学设计过程研究设计的规律和思维过程，旨在使设计过程更加系统和科学。这包括从问题定义、需求分析、概念设计、详细设计到测试验证的全过程。通过科学设计过程，设计师能够系统地考虑各种因素，确保设计方案的合理性和可行性。

5. 评价和决策理论

评价和决策理论主要用于方案设计和成果鉴定。在机械设计中，评价和决策过程至关重要，它涉及对不同设计方案的比较和选择，以找到最优方案。这包括性能评价、经济性评价、可制造性评价等多个方面。通过科学评价和决策方法，设计师能够在多个备选方案中选择最佳的设计方案，从而提高设计的成功率和效率。

（三）从强度设计角度的分类

从强度设计的角度来看，机械设计理论可以分为等强度设计理论和疲劳强度设计理论。这两者分别针对机械系统在不同条件下的强度需求，提供了相应的设计方法和理论支持。

1. 等强度设计理论

等强度设计理论也被称为临界强度设计理论，旨在使机械部件在各个受力部位的强度均匀分布。这种设计方法通过调整部件的几何形状和尺寸，使得所有受力点的应力水平接近相同，从而避免由于局部应力集中导致的材料破坏。这种方法特别适用于那些需要在高应力条件下运行的机械部件，如桥梁、压力容器和航空航天结构等。现代机械设计理论利用有限元分析（FEA）和拓扑优化技术，使等强度设计更加精确和高效。例如，利用有限元分析可以精确预测部件在不同载荷条件下的应力分布，从而优化其几何形状，以实现等强度设计。

2. 疲劳强度设计理论

疲劳强度设计理论关注机械部件在重复载荷下的耐久性，包括机械疲劳和热疲劳。机械疲劳是指部件在周期性机械载荷作用下发生的材料性能下降和最终失效；而热疲劳则是由于温度循环变化导致的材料疲劳和破坏。疲劳强度设计理论通过研究材料的疲劳行为和疲劳寿命，为机械部件的设计提供指导。例如，在汽车和航空航天工业中，疲劳强度设计至关重要，因为这些领域的机械部件需要在长时间的周期性载荷下保持可靠性。现代机械设计理论结合疲劳试验数据和疲劳寿命预测模型，使得疲劳强度设计更加科学和可靠。利用数值模拟技术，可以在设计阶段预测部件的疲劳寿命，从而进行优化设计，延长其使用寿命。

（四）从失效分析角度的分类

从失效分析的角度来看，机械设计理论可以分为以下几种类型：弹性变形失效、屈服失效、曲面变形失效、塑性断裂失效和脆性断裂失效。这些失效模式各有其特点和影响因素，是机械设计中需要特别关注的方面。

1. 弹性变形失效

弹性变形失效是指机械部件在力和温度作用下发生弹性变形，导致其无法正常工作。弹性变形量如果达到干扰机器实现其功能的程度，即使部件没有永久变形或损坏，仍然会影响系统的正常运行。例如，高温环境下的涡轮叶片可能会因热膨胀而变形，影响其气动力性能。现代机械设计理论利用有限元分析（FEA）和热力学模拟技术，可以准确预测部件在不同条件下的变形行为，从而确保系统在各种工作环境下的稳定性。

2. 屈服失效

屈服失效是指机械部件发生塑性变形，达到干扰机器实现功能的情况。当材料的应力超过其屈服强度时，会发生不可逆的塑性变形，导致部件无法恢复到原来的形状，从而影响其功能。例如，桥梁的钢结构在过载情况下会发生塑性变形，影响其承载能力。现代机械设计通过材料选择、结构优化和载荷分析等方法，可以有效预防屈服失效，提高系统的可靠性。

3. 曲面变形失效

曲面变形失效是指两接触曲面间的静态力产生局部屈服，使表面在一定范围内产生不连续现象，如轴承滚道的点蚀和汽车式起重机工作时液压支撑的表面损伤。这种失效通常由接触应力引起，导致表面材料的屈服和损伤。现代机械设计利用接触力学分析和表面工程技术，可以优化接触表面，减少应力集中，提高部件的耐用性。

4. 塑性断裂失效

塑性断裂失效是指机械部件发生塑性变形，最终达到断裂程度。这种失效模式通常发生在高应力条件下，材料经历显著的塑性变形后发生断裂，如金属构件在拉伸试验中的断裂。现代机械设计通过断裂力学分析和材料疲劳试验，可以预测材料的断裂行为，并通过设计优化和材料选择，减小塑性断裂失效的风险。

5. 脆性断裂失效

脆性断裂失效是指机械部件在弹性变形达到原子键破裂程度时发生断裂。与塑性断裂失效不同，脆性断裂通常发生在低温条件下，材料没有明显的塑性变形就发生破裂，如玻璃和陶瓷材料的断裂。现代机械设计通过断裂力学和微观结构分析，可以预测和预防脆性断裂失效，确保系统在各种工作条件下的安全性。

（五）从设计寿命角度的分类

从设计寿命的角度来看，机械设计理论分为以下几种类型：无限设计寿命理论、有限设计寿命理论、等寿命设计理论和临界设计寿命设计理论。这些理论在不同应用领域具有重要意义，旨在确保机械系统在预期寿命内可靠运行。

1. 无限设计寿命理论

无限设计寿命理论的目标是设计机械部件，使其能够在使用期限内无限次地承受预定载荷而不发生失效。例如，雷达系统需要在长期运行中保持高可靠性，因此其关键部件如天线和旋转机构通常采用无限设计寿命理论。这种设计需要对材料和结构进行严格选择和优化，以确保在长期使用中的稳定性和耐久性。现代机械设计理论利用计算机辅助工程（CAE）和疲劳寿命预测技术，可以准确预测部件在各种工作条件下的寿命，确保其满足无限设计寿命的要求。

2. 有限设计寿命理论

有限设计寿命理论适用于那些在使用期限内需要定期更换或维护的机械系统，例如飞机和汽车发动机。这些系统在设计时会设定一个预期的使用寿命，并在达到寿命期限时进行维修或更换。现代机械设计通过疲劳试验和寿命预测模型，可以精确确定部件的使用寿命，并制订合理的维护计划。例如，飞机发动机的设计寿命通常根据飞行小时数和循环次数进行评估，确保在预定的使用寿命内安全可靠。

3. 等寿命设计理论

等寿命设计理论的目标是使机械系统中所有部件的寿命相近，从而在系统整体寿命到期时进行统一更换和维护。例如，日本汽车行业广泛应用等寿命设计理论，通过优化各部件的材料和结构，使整个汽车系统在预期寿命内各部件同时达到使用极限。这种设计方法不仅提高了维护效率，还减少了因个别部件失效而导致的维修频率。现代机械设计利用多学科优化技术，可以综合考虑材料疲劳、磨损和环境影响等因素，优化部件设计，实现等寿命设计。

4. 临界设计寿命设计理论

临界设计寿命设计理论主要用于那些具有安全保护作用的机械部件，如安全阀和爆破片。这些部件在达到临界条件时会自动失效，以保护系统的安全。例如，锅炉中的安全阀在压力超过设计值时会自动打开，防止爆炸事故发生。现代机械设计通过断裂力学和失效分析，可以精确确定这些部件的临界设计寿命，确保其在关键时刻能够可靠地执行保护功能。

第二节　现代机械设计的发展历程

一、手工设计阶段

（一）手工设计的特点

18 世纪末以前，机械设计完全依赖于工匠的经验和手工技巧。设计师通常是具有多年经验的工匠，他们通过长期的实践积累了丰富的经验。机械设计的知识和技能往往通过师徒传承的方式传递，缺乏系统的理论基础。设计图纸主要是手绘的，工匠们使用简单的工具如直尺、圆规和铅笔，在纸上绘制机械部件的图纸。这些图纸通常没有统一的格式和标准，各个工匠的绘图风格也各不相同。手绘图纸的精度和一致性较低，容易出现误差。在手工设计阶段，测量工具非常简陋，没有现代意义上的精密测量工具，这使得机械部件的尺寸和公差难以精确控制，从而影响了机械设计的精度和质量。由于手工绘图的限制，设计图纸往往带有浓厚的艺术性。工匠们在绘制图纸时，往往会加入一些装饰性的线条和图案，使得每张图纸都具有独特的风格和美感。这种艺术性在一定程度上掩盖了设计图纸的技术性和实用性。

（二）手工设计的过程

设计师首先需要了解客户的需求和机械设备的使用环境，确定设计的基本要求和目标。这一过程通常是通过口头交流和简单的草图进行的，缺乏系统的需求分析工具和方法。设计师根据需求分析的结果进行初步设计，绘制机械部件的草图。这些草图通常是手绘的，设计师会根据自己的经验和直觉进行绘制，缺乏科学的设计方法和理论支持。在初步设计的基础上，设计师进行详细设计，绘制机械部件的详细图纸。这些图纸需要包含机械部件的尺寸、形状和结构等信息。由于缺乏标准化的图纸格式和精确的测量工具，详细设计的精度和一致性较低。为了验证设计的可行性，设计师通常会制作机械部件的模型。这些模型通常是手工制作的，使用木材、金属等材料。通过制作模型，设计师可以直观地检验设计的合理性和可行性，并进行必要的修改。设计完成后，需要进行试验和改进。设计师通过对机械设备的实际使用情况进行观察和分析，发现和解决设计中的问题。这一过程通常是反复进行的，直到机械设备达到预期的性能和质量要求。

（三）手工设计的局限性

由于缺乏精确的测量工具和标准化的图纸格式，手工设计的精度和一致性较低，这使得机械部件的尺寸和公差难以控制，误差不易控制，容易出现设计缺陷和质量问题。手工设计依赖于工匠的经验和手工技巧，设计过程烦琐且耗时。特别是对于复杂的机械设备，设计周期更长，设计效率较低，难以满足大规模生产的需求。手工设计的过程主要依靠工匠的手工绘图和制作，缺乏系统的工具和方法支持，设计师需要花费大量时间进行绘图、修改和验证，难以快速响应客户的需求。

（四）手工设计阶段的重要性

手工设计阶段的机械设计虽然精度和一致性较低，但为后来的机械设计奠定了基础。手工设计阶段的机械设计主要依靠工匠的经验和手工技巧，这一过程中培养了大量的机械设计人才。这些工匠通过师徒传承的方式，将机械设计的知识和技能传递给下一代，为机械设计的发展提供了人力支持。手工设计阶段的机械设计虽然存在许多局限性，但为机械制造业的发展提供了重要的技术支持。许多早期的机械设备和工具都是通过手工设计和制造的，为工业生产和社会发展做出了重要贡献。

二、工业革命阶段

18 世纪末至 19 世纪初，工业革命的到来极大地推动了机械设计的发展。工业革命始于英国，并迅速蔓延到欧洲大陆和北美洲。这一时期，蒸汽机的发明和广泛应用成为工业革命的标志性成就，极大地改变了人类的生产和生活方式。随着蒸汽机和其他机械设备的广泛应用，机械设计逐渐从手工作坊走向工业化生产，经历了深刻的变革。在工业革命之前，机械设计主要依靠工匠的手工绘图和经验传承。设计图纸通常是手绘的，且由于缺乏精确的测量工具和标准化的图纸格式，机械设计的精度和一致性较低。这一阶段的设计主要依赖于设计师的经验和手工技巧。然而，工业革命的到来改变了这一切，机械设计开始进入一个新的时代。

工业革命的核心是机械化生产，这对机械设计提出了更高的要求。为了满足大规模生产的需求，机械设计必须更加精确、高效和标准化。蒸汽机的发明不仅推动了工业生产的机械化，还催生了大量新的机械设备和工具，这些设备和工具在设计和制造过程中都需要更高的精度和效率。蒸汽机的广泛应用标志着机械设计从手工作坊走向工业化生产。蒸汽机不仅被用于驱动工厂的各种机械设备，还广泛应用于交通运输，如蒸汽火车和蒸汽船。这些应用极大地提高了生产力和运输效率，同时也对机械设计提出了新的挑战。为了确保蒸汽机和其他机械设备的可靠性和安全性，设计师们必须采用更加科学的方法进行设计。工业革命期间，标准化和模块化的概念开始引入机械设计。标准化是指通过制定统一的规格和标准，使得机械零部件可以互换使用，从而提高生产效率和产品质量。模块化是指将复杂的机械设备分解成若干功能独立的模块，各模块可以独立设计和制造，然后进行组装。标准化和模块化的引入极大地简化了机械设计和制造过程，提高了生产效率和产品质量。

设计图纸的规范化也是工业革命时期机械设计的一大进步。随着机械设备的复杂性和生产规模的增加，手绘图纸已经无法满足设计和制造的需求。为了提高设计的精度和一致性，设计师们开始采用更加规范的图纸格式，并引入了各种标准化的符号和标注。这些规范化的设计图纸不仅提高了设计的精度，还使得设计师之间的交流和协作更加便捷。机械设计还逐渐采用了更加科学的方法。数学和物理学的进步为机械设计提供了理论基础，设计师们开始利用几何学和力学原理进行设计计算，从而提高了设计的精度和可靠性。与此同时，各种精密测量工具的出现使得设计和制造过程中的测量更加准确，从而进一步提高了机械设计的精度。

工业革命不仅改变了机械设计的技术和方法，还改变了机械设计的组织形式。随着工厂制度的兴起，机械设计逐渐从个体化的手工作坊转向集体化的工业生产。在工厂制度下，机械设计师们通常分工合作，各司其职，从而提高了设计的效率和质量。此外，工厂制度还推动了机械设计和制造过程的专业化和系统化，使得设计和制造过程更加高效和规范。在工业革命的进程中，一些著名的机械设计师和工程师脱颖而出，为机械设计的发展做出了重要贡献。例如，詹姆斯·瓦特不仅改进了蒸汽机的设计，还提出了许多关于机械设计的创新理念和方法。他的工作极大地推动了蒸汽机的广泛应用，并为机械设计的发展奠定了基础。再如乔治·斯蒂芬森、亨利·马兹等工程师也在铁路机车和机械制造领域做出了重要贡献。

三、图板设计阶段

（一）绘图板的应用

在图板设计阶段，绘图板成为机械设计师的主要工具。绘图板是一种专门用于工程制图的工作台，其表面光滑平整，可以固定纸张，便于设计师进行精确的绘图操作。绘图板的使用，使得机械设计图纸的绘制更加便捷和准确，极大地提高了设计效率。设计师们还使用了一系列辅助工具，如直尺、T 形尺、圆规、三角板和比例尺等。这些工具不仅提高了绘图的精度，还使得设计师能够快速地绘制各种复杂的机械图形。直尺和 T 形尺用于绘制直线和垂直线，圆规用于绘制圆和弧，三角板则帮助设计师快速绘制不同角度的斜线和等腰三角形。比例尺则用于按一定比例缩小或放大图形，使得设计师能够在有限的纸张上绘制大尺寸的机械部件。

（二）测量工具的改进

随着测量工具的改进，机械设计的精度和效率进一步提升。20 世纪初，精密测量工具的普及，如游标卡尺、千分尺和量块等，使得机械零部件的尺寸测量更加精确。这些工具不仅应用于机械制造过程，也成为设计师在绘图过程中验证设计尺寸的重要手段。游标卡尺是一种常用的精密测量工具，可以测量内径、外径和深度等多种尺寸。千分尺则用于测量小尺寸零件的厚度和直径，精度高达 0.01 毫米。量块是一种标准的长度基准，用于校准和检验其他测量工具的精度。这些精密测量工具的应用使得机械设计的精度大幅提高，设计师能够更准确地控制机械零部件的尺寸和公差。

（三）机械制图的标准化

图板设计阶段，机械制图逐渐成为工程教育的重要内容。随着工业化的推进，机械设备和产品的复杂性不断增加，标准化的机械制图方法成为确保设计质量和制造一致性的关键。各国相继制定了机械制图的标准和规范，涵盖了图纸的格式、符号、尺寸标注、公差表示等各个方面。例如，美国机械工程师学会（ASME）和德国工业标准化协会（DIN）等机构，相继发布了机械制图的标准和规范。这些标准规定了机械图纸的尺寸、比例、线型、符号和标注方式，使得机械设计师能够按照统一的规范进行绘图，从而提高了设计的规范性和可读性。这些标准和规范的建立，不仅促进了机械设计的规范化，还为机械制造业的全球化提供了基础。

（四）工程教育的普及

工程教育在图板设计阶段的普及，对于机械设计领域的发展起到了至关重要的作用。随着工业化进程的加快和技术革新的推动，各类工科院校和技工学校纷纷开设机械制图课程，为培养专业的机械设计人才奠定了坚实基础。机械制图作为工程教育的基础课程之一，通过系统学习，学生们能够掌握机械制图的基本原理和方法，为日后进入工业实践做好充分的准备。

工程教育的普及不仅仅是简单地传授知识，更重要的是培养学生的创新能力和实践技能。通过深入学习机械制图课程，学生们不仅能够理解和掌握传统的图板设计技术，还能够在实验室和工作场所中进行实际操作，提升自身的技能水平和工作效率。这种全面的教育方式使得每一位工程学生都能够在毕业后迅速融入工业界，并为工业发展贡献自己的力量。工程教育的普及也促进了机械设计技术的传播和交流。越来越多的学生和专业人才在机械制图领域接受系统的训练，同时也带来了新的思维和创意，推动了技术的创新和进步。各类机械设计竞赛和交流活动成为设计师们展示才华和交流经验的重要平台，不仅激励了学生们的学习热情，也促进了行业内部的技术交流与合作。工程教育的普及还为社会培养了大量的技术人才和专业人才。这些人才不仅在传统工业领域发挥着重要作用，还在现代科技创新和高端制造业发展中发挥着关键性的作用。他们通过不断学习和实践，不断提升自己的专业素养和技能水平，为国家经济的快速发展和科技进步贡献了重要力量。

（五）设计方法的创新

模块化设计和标准化设计成为机械设计的重要方法。模块化设计是将复杂的机械设备分解成若干功能独立的模块。这种设计方法不仅提高了设计效率，还便于产品的维护和升级。标准化设计按照统一的规格和标准进行设计，从而提高了生产效率和产品质量。图板设计阶段还出现了一些新的设计理念，如功能设计、可靠性设计和人机工程设计等。功能设计强调产品的功能性和实用性，要求设计师在设计过程中充分考虑产品的使用需求。可靠性设计则注重产品的可靠性和耐用性，要求设计师在设计过程中充分考虑产品的工作环境和使用寿命。人机工程设计则强调产品的用户友好性，要求设计师在设计过程中充分考虑用户的操作习惯和舒适度。

（六）计算机技术的萌芽

20 世纪中期，计算机技术的萌芽对机械设计领域的发展具有深远的影响。在图板设计阶段，机械设计师主要依赖于手工绘图和传统的测量工具，但随着电子计算机的发明和应用，机械设计的方法和工具开始发生革命性的变化，为未来的发展奠定了坚实的基础。早期的计算机辅助设计（CAD）系统可以被视为计算机技术在机械设计中的最早应用。这些系统尽管功能有限，但它们为后来的 CAD 技术发展开辟了道路。20 世纪 60 年代，随着计算机硬件和软件技术的进步，首批 CAD 系统逐渐出现在工程实践中。这些系统允许设计师使用计算机生成和编辑图纸，大大提高了设计的效率和精度。在 CAD 技术的初期阶段，计算机主要用于简单的几何绘图和基本的图形分析。设计师们通过输入坐标和尺寸参数，绘制出精确的工程图纸，取代了传统的手绘方式。虽然这些系统在功能和用户界面上与今天的 CAD 软件相比显得简陋，但它们为后来 CAD 技术的发展积累了宝贵的经验和技术基础。

随着时间的推移，CAD 技术逐步演化和改进，开始引入更复杂的功能和更高级的建模能力。20 世纪 70 年代和 80 年代，CAD 系统逐渐成为机械设计的主流工具，广泛应用于航空航天、汽车工业、电子设备制造等领域。这些系统不仅能够进行三维建模和装配设计，还能进行结构分析、运动仿真和工艺优化，极大地提升了产品开发的速度和质量。除了 CAD 技术，计算机在机械设计中的另一重要应用是计算机辅助工程（CAE）和计算机辅助制造（CAM）。CAE 系统通过数值分析和仿真技术，帮助设计师评估产品的结构强度、热力学特性和流体力学行为，优化设计方案。而 CAM 系统则将 CAD 生成的三维模型转化为数控（NC）程序，用于控制机床和自动化设备，实现产品的精确加工和制造。计算机技术的快速发展和广泛应用，不仅转变了机械设计的工作方式和方法论，也推动了整个工业生产的现代化进程。今天，随着人工智能（AI）和云计算技术的兴起，CAD、CAE 和 CAM 系统正不断向智能化、协同化和自动化方向发展，为未来的机械设计和制造带来了更广阔的发展空间和可能性。

四、计算机辅助设计（CAD）阶段

计算机辅助设计（CAD）（图 1-1）的出现标志着现代工程设计领域的一次革命。自 20 世纪 60 年代起，随着计算机技术的迅猛发展，CAD 软件的应用为机械设计师带来了前所未有的便利和创新空间。CAD 技术不仅大幅提升了设计效率和精度，还极大地简化了整个设计流程，使得机械设计进入了一个全新的阶段。CAD 软件允许设计师在计算机上进行三维建模。传统的手绘设计存在着受限于平面视角和二维表达的局限性，而 CAD 的三维建模功能使得设计师可以更加直观和全面地呈现他们的设计想法。通过精确的三维模型，设计师可以更准确地评估和调整设计方案，避免了传统方法中频繁的试错过程，大大节约了时间和成本。

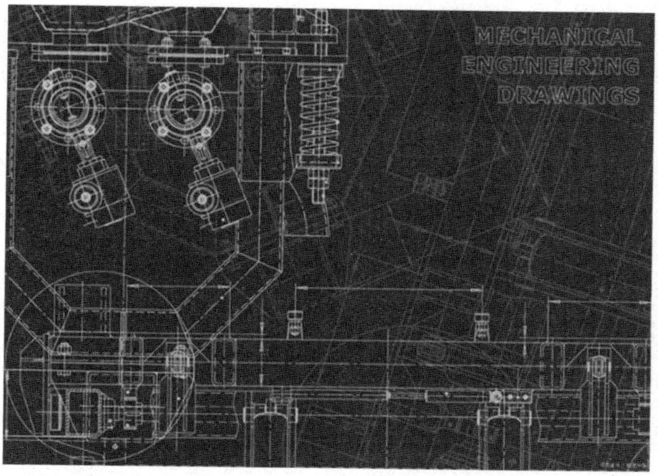

图 1-1　计算机辅助设计（CAD）图示

CAD 技术使得设计师能够进行模拟和分析。在设计过程中，CAD 软件不仅可以生成静态的三维模型，还能进行动态模拟和工程分析。这种功能使得设计师能够在设计的早期阶段就检测和解决潜在的设计问题，预测产品在实际使用中的性能表现，从而优化设计方案并提高产品的可靠性和功能性。CAD 技术的普及还促使了设计迭代和优化的快速进行。相比传统的手工设计，CAD 软件可以轻松实现设计的多版本保存和比较，设计师可以快速地对不同版本进行修改和优化，实现快速迭代。这种高效的设计流程不仅提升了产品的研发速度，还增强了设计的灵活性和创新性。CAD 技术的应用还促进了设计师之间和设计师与客户之间的沟通和合作。通过 CAD 软件生成的视觉效果和动态模拟，设计师可以更清晰地展示设计意图，与团队成员和客户进行更加直观和有效的沟通，减少了信息传递误差和理解偏差，有助于确保设计的质量和符合需求。

五、智能设计与制造阶段

进入 21 世纪，随着人工智能、大数据、云计算和物联网技术的快速发展，机械设计正迅速进入智能设计与制造的新阶段。这一阶段的主要特征是智能设计系统的广泛应用和增材制造技术的进步，这些技术显著提升了设计和制造的灵活性、效率和创新性。智能设计系统的出现标志着设计过程的自动化和智能化。利用人工智能和大数据分析，智能设计系统能够根据设计需求和约束条件自动生成多种优化方案。这些系统能够快速评估和比较不同设计方案的性能，为设计师提供数据支持和决策依据，缩短了设计周期并提高了设计的质量和精度。设计师可以通过与智能设计系统的交互，快速调整和优化设计方案，实现更快速、更智能的创新过程。

虚拟现实（VR）和增强现实（AR）技术的应用使得设计验证和交互式设计变得更加直观和高效。设计师可以利用虚拟现实技术在虚拟环境中对设计方案进行全方位的视觉和功能测试，从而发现和解决潜在问题。增强现实技术则允许设计师将虚拟设计与实际环境结合，实时观察和评估设计在真实场景中的效果和适应性，为设计决策提供更直观和准确的信息支持。同时，增材制造技术（如3D打印）的广泛应用也彻底改变了传统的制造方法和流程。增材制造技术允许按需制造复杂形状的零件和组件，大大提高了制造的灵活性和定制化能力。与传统的切削加工相比，增材制造不仅减少了材料浪费，还缩短了制造周期，并能够在设计上实现更复杂和精细的结构和功能。智能设计与制造阶段的发展不仅推动了机械工程领域的技术进步，还促进了跨学科和跨行业的合作与创新。工程师、设计师和制造商通过智能化的工具和技术平台实现了更紧密的协作，加速了从概念到市场的产品开发过程。这种集成了人工智能、大数据和增材制造技术的新兴趋势，为全球制造业带来了更多的可能性和竞争优势，助力实现数字化转型和智能制造的目标。

第三节　现代机械设计的重要性和应用领域

一、现代机械设计的重要性

（一）技术创新与发展推动

随着技术的迅猛发展和全球制造业的转型，机械设计不仅仅是产品开发过程中的一个环节，更成为推动整个行业向前发展的动力源泉。通过引入先进的设计理念和技术方法，如计算机辅助设计（CAD）、计算机辅助制造（CAM）、仿真分析等，现代机械设计促进了机械工程技术的不断进步和创新。计算机辅助设计（CAD）技术的应用极大地提升了设计效率和精度。传统的手绘设计存在着受限于二维表达和平面视角的局限性，而CAD软件使得设计师能够在计算机上进行三维建模和虚拟仿真。通过CAD，设计师能够更直观和全面地展现设计概念，快速生成和修改设计方案，并进行复杂的工程分析和优化，从而大幅缩短了产品开发周期，降低了成本，并提高了设计的质量和可靠性。

计算机辅助制造（CAM）技术的发展使得设计的数字化模型能够直接转化为实际制造过程中的控制指令和工艺路径。CAM系统与CAD紧密结合，能够自动化生成数控编程和加工路径，实现高效的数控机床加工。这种集成的设计与制造流程不仅提升了生产效率，还减少了人为错误和材料浪费，为制造业的精细化和智能化转型提供了重要支持。仿真分析技术在现代机械设计中的应用也越来越广泛。通过数值仿真和虚拟试验，设计师可以在产品实际制造之前预测和评估其在各种工作条件下的性能表现。这不仅节省了试验和测试的成本和时间，还能够提前发现设计缺陷并进行改进，确保产品在市场上具备竞争力和可靠性。

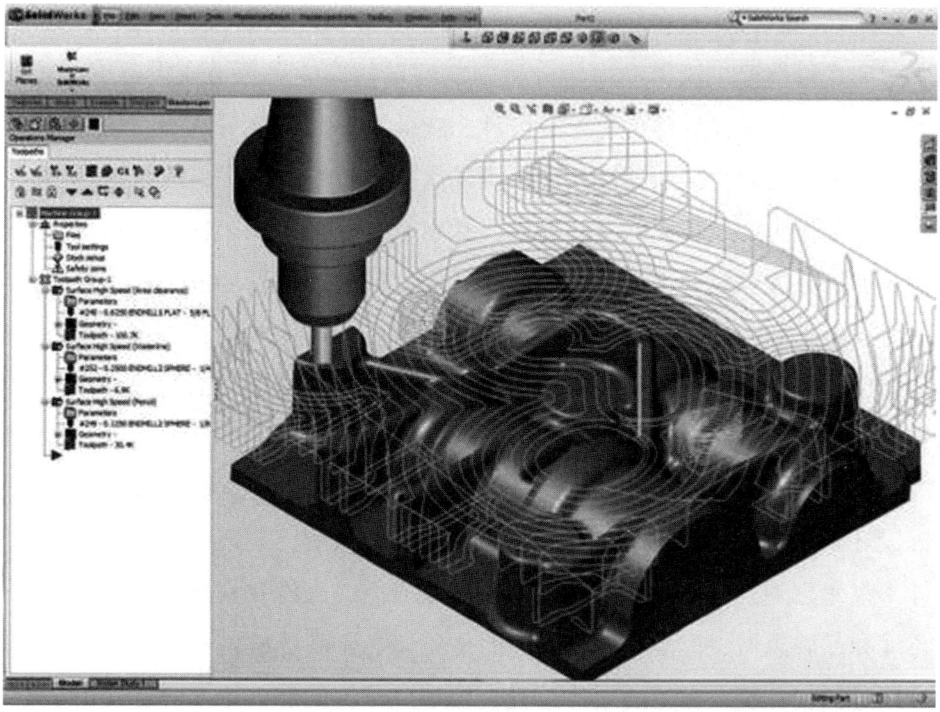

图 1-2　计算机辅助制造（CAM）

现代机械设计不仅关注技术工具的应用，更重视设计思维和创新理念的融入。设计师们通过跨学科的合作和全球化的视野，积极探索和引入新材料、新工艺，推动了产品功能的多样化和性能的提升。例如，先进的复合材料、生物材料和环保材料的应用，不仅改善了产品的轻量化和耐用性，还有助于降低能耗和环境影响，符合现代社会对可持续发展的要求。现代机械设计不仅关乎产品的形式和功能，更是社会发展和科技进步的重要推动力。通过技术创新和工艺进步，现代机械设计推动了工业制造业的数字化转型和智能化升级，为全球经济的发展注入了新的动力和活力。同时，它也为解决全球性挑战如可再生能源、智能交通、健康医疗等提供了关键解决方案，促进社会福祉和人类生活质量的提升。

（二）产品性能与效率提升

通过精确的工程计算和仿真分析，优秀的机械设计能够有效地满足工程要求和市场需求，从而提升产品的竞争力和市场占有率。优秀的机械设计通过精确的工程计算确保产品具备优异的性能。工程师利用数学建模、结构分析、流体力学等工具，对产品进行详尽的计算和模拟。这些工程计算不仅帮助设计师理解和预测产品在不同工作条件下的行为，还能够优化结构设计，确保产品在正常使用和极限情况下都能保持稳定和可靠的性能。

仿真分析在现代机械设计中的应用至关重要。通过虚拟仿真，设计师可以在实际制造之前模拟产品的运行情况和性能表现。例如，结构强度分析可以预测零部件在载荷作用下的应力和变形情况，流体动力学分析则能够评估流体在管道或设备中的流动特性。这些仿真分析不仅帮助设计师优化产品设计，降低试验和调整的成本，还能够提前发现潜在的设计缺陷和问题，从而提高产品的设计质量和可靠性。优秀的机械设计还注重产品的质量和耐久性。通过精确的材料选择、结构设计和加工工艺控制，设计师可以确保产品具备足够的强度和耐久性，能够长时间稳定运行并在各种环境条件下保持良好的表现。现代材料科学和制造技术的进步为优化产品结构和性能提供了更多可能性，例如复合材料的应用、先进的表面处理技术以及精密加工工艺的改进，都为提升产品质量和使用寿命提供了有力支持。

优秀的机械设计还关注产品的使用效率和用户体验。通过人机工程学原理和用户需求分析，设计师能够优化产品的人机交互界面和操作流程，使产品更加易用和高效。优秀的设计不仅考虑到产品的功能性需求，还注重产品的人性化设计和舒适性，从而提升用户满意度和品牌忠诚度。现代机械设计的重要性在于其能够将科技进步和市场需求有效结合，通过创新和精益求精的设计过程，推动产品性能和效率的不断提升。在全球化和竞争激烈的市场环境中，优秀的机械设计不仅是企业竞争力的重要保障，也是推动行业技术进步和社会经济发展的重要推动力量。

（三）生产工艺的优化与智能化升级

现代机械设计不仅关注产品设计的创新和性能优化，还将智能化技术与机械制造紧密结合，推动了生产工艺的优化和智能化升级。通过引入自动化设备、机器人技术以及智能控制系统，现代机械设计显著提升了生产线的灵活性、生产效率和质量管理水平，推动了制造业的转型升级，为企业在全球竞争中赢得优势，同时也为经济可持续发展注入新的动力。自动化设备在现代机械制造中发挥着重要作用。自动化生产线通过使用计算机控制和传感器技术，实现了生产过程的高度自动化和智能化。例如，自动化装配线可以减少人为操作，提高产品装配的一致性和精度；自动化加工设备能够实现复杂零件的高速加工和高精度加工，提升了制造效率和产品质量。这种自动化生产方式不仅节约了人力资源，还能够降低成本、减少生产过程中的错误和浪费，从而提升了企业的竞争力和盈利能力。

机器人技术的应用进一步推动了生产工艺的智能化升级。工业机器人在现代制造业能够执行重复性高、精度要求高的任务，如焊接、装配、搬运等。机器人不仅能够提高生产效率和产品质量，还能够降低劳动强度和安全风险，提升工作环境的人性化水平。通过机器人的智能化操作和协作，生产线能够实现更高的灵活性和响应速度，适应市场需求的快速变化，为企业提供了更大的生产能力和市场竞争力。智能控制系统是现代机械设计中的另一重要组成部分。通过集成传感器技术、实时数据分析和自动化控制算法，智能控制系统能够实现生产过程的实时监测、优化调节和预测维护。例如，智能制造执行系统（MES）和工业物联网（IIoT）技术的应用使得生产管理能够实现信息化、网络化和智能化，从而实现生产资源的高效配置和生产过程的实时监控。这种智能化的生产管理方式不仅提升了生产效率和产品质量，还能够降低能源消耗和环境影响，符合现代制造业追求的可持续发展目标。

二、现代机械设计的应用领域

（一）消费品制造

1. 家具与家居用品

通过先进的设计理念、计算机辅助设计（CAD）、仿真分析和现代制造工艺的应用，现代家具设计不仅满足了消费者对功能性和舒适性的需求，还注重环保和可持续发展的考量，为家居生活带来了新的体验和选择。现代机械设计通过 CAD 技术实现了家具设计的精准和创新。CAD 软件允许设计师在虚拟环境中进行三维建模和实时修改，从而快速验证设计概念并进行优化。这种虚拟设计过程不仅提高了设计效率，还使得设计师能够更好地控制产品的整体结构和比例，确保产品在实际制造中具备理想的外观和功能。仿真分析技术在家具设计中的应用显著提升了产品的性能和质量。通过结构强度分析、材料应力测试和人体工程学模拟，设计师可以评估家具在使用过程中的稳定性、舒适度和耐久性。这些仿真分析不仅帮助设计师优化家具的结构设计，还能够减少材料浪费和制造成本，同时确保产品在市场上具备竞争力和长期可靠性。

随着环保意识的提升，越来越多的家具设计采用可再生材料、环保涂料和可降解材料，以减少对环境的影响。同时，先进的材料科学和工艺技术使得家具不仅具备良好的功能性和耐久性，还能够实现轻量化设计和个性化定制，满足消费者对于个性化和生活品质的追求。在制造工艺方面，现代机械设计借助自动化设备和先进的加工工艺，提升了家具制造的生产效率和精度。自动化生产线和数控机床能够实现复杂形状和精细结构的高效加工，同时减少人为错误和生产中断，保证产品质量的一致性和稳定性。这种现代制造工艺不仅缩短了生产周期，还能够灵活应对市场需求的变化，为家具制造企业带来了更大的竞争优势。

2. 玩具与娱乐产品

通过 CAD 技术、仿真分析、先进材料和智能制造技术的应用，现代机械设计使得玩具和娱乐产品不仅能够吸引消费者眼球，还能够在市场上脱颖而出，为用户带来愉悦和享受。CAD 技术在现代玩具设计中的应用极大地提升了设计的灵活性和精确度。设计师可以利用 CAD 软件进行三维建模和虚拟设计，快速验证和调整设计方案，从而在产品开发早期就能够准确把握产品的外形、结构和功能。这种虚拟设计过程不仅缩短了开发周期，还大大降低了产品设计和修改的成本，为创新和实验提供了更大的空间。仿真分析技术为玩具和娱乐产品的安全性和性能提供了重要保障。通过结构强度分析、碰撞仿真、流体动力学模拟等技术，设计师可以评估产品在正常使用和意外情况下的表现。例如，在设计滑梯或游乐设施时，仿真分析能够帮助设计师确保产品结构的稳定性和安全性，预防意外事故的发生。这种科学的设计和测试过程不仅提升了产品的可靠性，还增强了消费者对产品的信任和满意度。

随着消费者环保意识的增强，越来越多的玩具和娱乐产品采用可再生材料、无毒环保材料和可降解材料，保护用户健康。同时，先进的材料科学和工艺技术使得产品设计更加灵活多样，能够实现复杂结构和创新功能，满足消费者对个性化和品质的不断追求。现代机械设计借助自动化生产设备和智能制造技术，提升了玩具和娱乐产品的生产效率和质量。自动化装配线和智能机器人在生产过程中能够实现高效率的生产和精准装配，同时降低了人为操作的错误率和生产成本。这种现代制造工艺不仅提升了产品的竞争力，还能够迅速响应市场需求的变化，为企业赢得更大的市场份额和客户忠诚度。

（二）医疗设备与生命科学

1. 医疗设备制造

通过 CAD 技术、仿真分析、先进材料和精密制造工艺的应用，现代机械设计为医疗行业带来了革命性的进步，改善了医疗设备的性能、可靠性和治疗效果，同时推动了医疗服务的质量和效率提升。CAD 技术在医疗设备设计中的应用显著提高了设计的精确度和效率。设计师可以利用 CAD 软件进行精确的三维建模和虚拟仿真，快速验证和优化设计方案。例如，在设计手术器械或植入式医疗器械时，CAD 技术能够帮助设计师精确计算产品尺寸、优化结构布局，并确保与人体解剖结构的良好适配性。这种虚拟设计过程不仅加快了产品开发周期，还减少了试错成本和制造过程中的不必要浪费，为医疗设备的创新和改进提供了强大的支持。仿真分析技术在医疗设备设计中发挥了关键作用，保障了产品的安全性、性能和可靠性。通过结构强度分析、流体动力学仿真和生物材料测试，设计师可以全面评估设备在各种工作条件下的表现。例如，通过仿真模拟手术操作过程中的应力和变形，可以有效预测并优化手术器械的设计，确保其在实际使用中能够稳定可靠，最大限度地减少对患者的影响。这种科学的仿真分析不仅提高了产品的质量和安全性，还为医疗设备的市场准入提供了必要的技术支持和保障。

医疗设备通常要求材料具备生物相容性、耐腐蚀性和高强度等特性，以满足严格的医疗标准和患者的安全需求。随着材料科学的进步，新型生物材料、纳米材料和复合材料的应用不断拓展了医疗设备的设计可能性，使得设备更轻、更耐用，同时能够实现更精确的治疗效果和更舒适的患者体验。现代机械设计借助自动化生产设备和精密加工技术，提升了医疗设备的生产效率和品质稳定性。自动化装配线和数控加工中心能够实现复杂零部件的高效加工和精准装配，减少了人为操作中的误差和变动，确保了产品的一致性和可靠性。这种现代制造工艺不仅缩短了产品的制造周期，还能够适应快速变化的市场需求，提升医疗设备制造企业的竞争优势和市场地位。

2. 生命科学研究

生命科学涉及广泛的领域，包括分子生物学、细胞生物学、遗传学、生物化学等，而现代机械设计通过 CAD 技术、仿真分析、先进材料和精密制造工艺的综合运用，不仅提升了实验和研究的效率和精确度，还推动了科学研究的前沿探索和技术创新。CAD 技术在生命科学设备设计中的应用极大地提高了设计的精度和灵活性。例如，在设计实验室分析仪器或生物反应器时，CAD 技术能够帮助设计师精确控制设备的内部布局、管道连接和传感器位置，确保设备在操作过程中能够稳定运行并提供准确的数据。这种虚拟设计过程不仅缩短了产品开发周期，还大大降低了设备设计和调整的成本，为科学研究的创新和探索提供了必要的技术支持。仿真分析技术在生命科学设备设计中具有重要意义，能够评估设备在各种工作条件下的性能和稳定性。通过结构强度分析、流体动力学仿真和热力学模拟，设计师可以模拟和优化设备在实验室环境中的运行情况。例如，通过仿真模拟生物反应器内部的流体运动和温度分布，设计师可以优化设备的内部结构和材料选择，提高反应速率和数据可靠性。这种科学的仿真分析不仅有助于降低实验误差和提升数据精确度，还能够加速科学研究的进程，推动科学家在生命科学领域的新发现和理解。生命科学设备通常要求材料具备生物相容性、耐腐蚀性和高精度等特性，以满足实验的严格要求和数据的准确性。新型生物材料、仿生材料和纳米材料的应用不但拓展了设备的设计可能性，而且能够实现更精确的实验条件和更可靠的数据分析。

第四节　机械加工技术对现代机械设计的影响

一、制造可行性与设计自由度

现代机械加工技术的快速发展，特别是数控加工、激光切割、电火花加工和3D打印等先进技术的广泛应用，显著扩展了设计师的制造选择和设计的自由度。这些技术不仅提高了零部件的精度和复杂度，还极大地促进了现代机械设计的创新和发展。

数控加工技术（CNC）是现代机械加工领域的重要技术之一。通过预先编程的计算机控制系统，数控机床能够精确控制刀具或工件的运动，实现复杂形状的加工，如曲线、圆弧等。与传统的手工操作或基于模具的加工方式相比，数控加工提高了加工精度和效率，大大减少了人为误差的可能性，同时能够加工各种材料，包括金属、塑料和复合材料，使得设计师可以更灵活地选择材料以满足设计需求。

激光切割技术在金属加工和板材切割中广泛应用。激光切割具有高速、高精度和无接触加工的特点，能够实现复杂形状的切割和微小孔洞的加工，适用于不同厚度和类型的材料。这种非接触性加工方法减少了物理接触对材料造成的损伤，同时提高了生产效率和成品质量，为设计师提供了更大的自由度，能够实现更复杂和精细的设计要求。

电火花加工技术主要用于加工高硬度材料或具有复杂形状的零部件。通过在工作液中放电，电火花加工能够精确地加工金属和导电材料，不受材料硬度限制，适用于制造模具、工具和精密零件。这种加工方式避免了传统机械加工中刀具磨损和材料变形的问题，使得设计师能够实现更复杂和精细的几何形状，提高了产品的加工精度和质量。

3D打印技术作为一种快速原型制造和定制化生产的革命性技术，彻底改变了传统制造业的模式。通过逐层堆叠材料来制造物体，3D打印技术不仅可以制造复杂的几何结构和内部空洞，还可以在单个生产过程中集成多种材料和功能，如金属、塑料、陶瓷甚至生物材料。这种灵活性和多功能性使得设计师能够快速验证和调整设计概念，大幅缩短产品开发周期，同时降低成本，促进了创新和定制化生产的应用。

二、精度和重复性

数控加工技术（CNC）是现代机械加工中的核心技术之一。通过预先编程的控制系统，数控机床（图 1-3）能够精确控制刀具的运动路径和加工深度，实现复杂零部件的高精度加工。这种精确控制不仅提高了加工的精度，还大幅降低了人为操作误差的可能性，确保每个零件的尺寸和形状都能达到设计要求。每个零部件的尺寸精度和几何形状的精确度对于整个飞行器的安全性和性能至关重要，数控机床的应用使得这些要求得以满足。激光切割技术在金属加工和板材切割中也具有显著的优势。激光切割能够实现微米级的精度，无论是对于薄板材料还是复杂几何形状的切割，都能够精确控制切割路径，避免了传统机械切割中可能出现的刀具磨损和加工误差。这种精度和稳定性使得激光切割技术在制造高精密零部件和要求严格控制尺寸的产品中得到广泛应用，如医疗设备中的精密仪器部件和电子设备中的微小结构加工。

电火花加工技术则专注于加工高硬度材料和复杂几何形状的工件。通过放电加工的方式，电火花加工能够在金属表面精确地移除材料，而不受材料硬度和形状的限制。这种非接触性的加工方式保证了加工过程中的精度和重复性，特别适用于制造模具、模板和高精度零部件，如航空发动机零件和医疗影像设备的关键部件。3D 打印技术（图 1-4）作为一种新兴的制造技术，在实现高精度方面也有所突破。虽然传统 3D 打印技术在精度方面可能不及数控加工或激光切割，但随着技术的进步和材料的改进，已经能够实现微米级的精度要求。特别是在复杂结构和个性化定制方面，3D 打印技术具有独特优势，能够快速制造出复杂形状和内部结构复杂的零件，为设计师提供了更大的自由度和创新空间。

图 1-3 数控机床图示

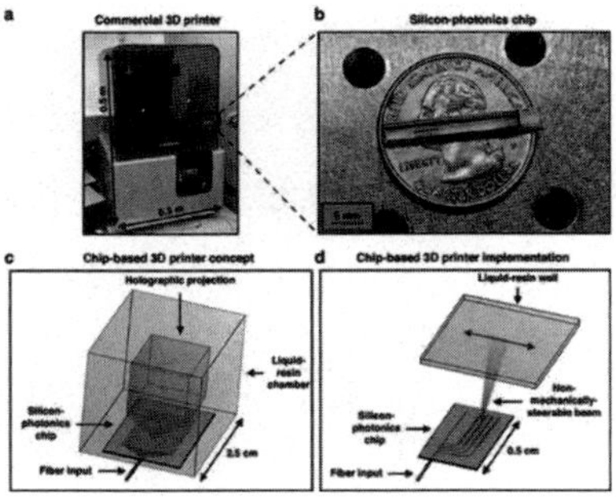

图 1-4 3D 打印技术图示

三、设计优化与快速迭代

现代机械加工技术的快速发展为设计优化和快速迭代提供了强大的支持，通过数控机床、仿真软件和其他先进工具，设计师能够以前所未有的速度和精度进行产品开发和优化，显著缩短产品的开发周期，提高了设计的效率和成功率。数控机床技术的广泛应用极大地提升了制造过程的灵活性和精度。数控机床通过预先编程的方式控制工具路径和加工深度，能够快速、精确地制造复杂的零部件和组件。设计师可以基于 CAD（计算机辅助设计）生成的数字化模型，直接将设计转化为实际的零件，避免了传统手工加工中可能出现的误差和时间浪费。这种直接的数字化制造过程不仅提高了加工精度，还缩短了从设计到实际产品的时间，使得设计优化和快速迭代成为可能。仿真软件在设计优化过程中发挥着关键作用。通过仿真分析，设计师可以在实际制造之前模拟和评估不同设计方案的性能和行为。例如，仿真软件可以模拟飞行器各部件在不同飞行条件下的应力、振动和疲劳情况，帮助设计师优化结构和材料选择，以确保产品的安全性和可靠性。这种虚拟测试和分析的能力使得设计过程更加透明和可控，减少了实际制造中可能出现的问题和成本，同时提高了设计的成功率和市场竞争力。

快速原型制造技术（如 3D 打印）的广泛应用也大大加速了产品开发和优化过程。3D 打印技术能够快速制造出复杂几何形状的原型和零件，为设计师提供了实时验证和调整设计的能力。与传统制造方法相比，3D 打印不需要制造模具或特定工艺设备，节省了制造成本和时间，特别适用于快速迭代和小批量生产。这种灵活性和高效率使得设计师能够更频繁地进行设计测试和调整，快速响应市场需求和技术变化。机械加工技术的进步不仅推动了产品开发过程中的设计优化和快速迭代，还促进了创新和新产品的引入。随着技术的不断演进和应用范围的扩展，设计师将继续在提高产品性能、降低成本和缩短开发周期方面发挥更大的创造力和影响力。现代机械设计已经不仅仅是简单的产品制造，而是一个集成了高科技、智能化和创新思维的复杂过程，通过各种先进的机械加工技术，实现了设计理念和市场需求之间的紧密对接，推动了全球制造业的进步和发展。

第二章　机械设计中的材料选择与应用

第一节　材料选择的基本原则

一、机械设计中常用的材料

（一）金属材料

从传统到现代的机械设计，金属材料的选择和应用经历了多个发展阶段，为各种工程和制造需求提供了坚固可靠的基础。金属材料的硬度和强度是其在机械设计中被广泛使用的主要原因之一。金属通常具有较高的机械强度和刚性，能够承受各种工作条件下的力学应力和环境影响。例如，铁和钢材料因其优异的强度和耐久性，在制造重型机械、桥梁结构和汽车零部件等领域中得到广泛应用。铝合金则因其优良的强度重量比和抗腐蚀性，在航空航天、汽车制造和建筑工程中被大量采用。

金属材料的可加工性使其在机械制造中具有重要意义。金属材料可以通过铸造、锻造、冷热加工等多种工艺加工成各种形状和尺寸的零件和组件。这种灵活性和可塑性使得设计师能够根据具体的应用需求精确制造出复杂的零件，从而实现设计的多样化和个性化。例如，通过数控机床和激光切割技术，设计师可以精确控制金属材料的加工过程，实现高精度和复杂几何形状的部件制造。金属材料的成本效益也是其广泛应用的重要因素之一。与其他高性能材料相比，如复合材料和高分子材料，金属材料通常具有较低的原材料成本和加工成本。这使得金属材料成为大规模生产和大批量制造的首选材料。例如，在汽车工业中，使用铁、铝合金和钢材料可以降低车辆的制造成本，同时确保车辆的安全性和性能，满足市场需求和法律法规的要求。金属材料的可靠性和耐久性也是其在机械设计中的显著优势。金属材料通常具有较长的使用寿命和稳定的性能表现，在各种极端环境条件下依然能够保持其物理和化学特性。这种可靠性使得金属材料特别适用于需要长期使用和有高强度要求的应用领域，如航空航天、能源行业和重工业设备制造。

（二）高分子材料

塑料和纤维等高分子材料以其轻量化、耐腐蚀、易加工和设计灵活性等优势，不仅在传统领域如日用品制造中广泛应用，而且在新兴技术领域如航空航天、医疗器械和汽车工业中也发挥着越来越重要的作用。高分子材料的轻量化特性是其在机械设计中受到青睐的关键因素之一。相比于传统的金属材料，如铁、铝合金和钢材，塑料和纤维材料通常具有更轻的重量和更高的强度重量比。这种轻量化特性使得它们在航空航天和汽车工业中能够减少整体结构的重量，提高燃油效率和性能。例如，飞机和汽车的结构组件和外壳可以采用复合材料，如碳纤维增强塑料（CFRP），以达到减重和提升性能的目的。高分子材料的耐腐蚀性和化学稳定性使其在各种极端环境下表现出色。塑料和纤维材料通常能够抵抗酸碱、湿气和化学溶剂的侵蚀，因此在化工设备、海洋工程和户外设施等领域中得到广泛应用。这些特性使得高分子材料成为能够长期稳定运行和减少维护成本的理想选择。

高分子材料的易加工性和设计灵活性为工程师和设计师提供了更大的创新空间和设计自由度。与传统的金属加工相比，塑料和纤维材料可以通过注塑成型、挤出成型和复合材料层压等先进工艺，制造出复杂的几何形状和细微结构的零件。这种灵活性使得设计师能够根据具体的功能和美学要求，精确定制出满足用户需求的产品。在环保和可持续发展的背景下，高分子材料的使用还有助于减少资源消耗和环境污染。由于塑料和纤维材料可以通过再生材料和循环利用的方式进行生产，其对资源的消耗相对较低，并且在使用过程中产生的废弃物可以进行有效回收和再利用。这种可持续性的考量使得高分子材料在现代工程设计中具有重要的战略意义，有助于企业实现环境友好型生产和可持续发展战略。

（三）复合材料

复合材料是由两种或更多种不同性质的材料组合而成的新型材料，通过物理或化学方式结合，充分发挥各自材料的优势，弥补单一材料的缺点，因此在现代工程设计和制造中备受青睐。复合材料不仅具有轻量化、高强度、耐腐蚀和设计灵活性等优良特性，还能有效节能减排，对环境友好，因而在多个行业和应用领域得到广泛应用。复合材料的轻量化特性使其在航空航天、汽车工业和运动器材等领域中大放异彩。与传统的金属材料相比，复合材料通常具有更高的强度重量比，即使在重要结构和组件上也能提供优异的性能。例如，碳纤维复合材料在航空航天中被广泛应用于飞机机身和机翼，能够显著减轻整体结构的重量，提高飞行效率和燃油经济性；玻璃纤维增强塑料（GFRP）用于车身和内饰部件，不仅减轻了车辆的重量，还提升了车辆的碰撞安全性和燃油效率。复合材料具有优异的耐腐蚀性和化学稳定性，适合在恶劣环境条件下长期使用。例如，玻璃纤维增强环氧树脂（GFRE）可以抵御酸碱、湿气和化学溶剂的侵蚀，因此在海洋工程、化工设备和水处理设施中得到广泛应用。这些特性使得复合材料成为能够抵抗环境侵蚀和延长设备使用寿命的理想选择。

复合材料具有优异的设计灵活性和加工性能，能够通过不同的成型工艺制造出各种复杂的几何形状和结构。例如，注塑成型、挤出成型、层压成型和自动化纺织技术等先进工艺可以实现对复合材料的精确控制和高效生产，满足不同产品的功能和美学要求。这种灵活性使得复合材料在航空航天、建筑工程和消费电子等领域中，能够实现更加复杂和创新的设计。在环保和可持续发展的趋势下，复合材料的使用还有助于减少资源消耗和环境污染。与传统材料相比，如铝和钢铁，复合材料的生产过程通常能够减少能源消耗和排放，且可以通过使用再生纤维和树脂以及循环利用的方式进行生产。这种可持续性考量使得复合材料在全球范围内得到广泛推广和应用，成为推动工业制造向环保型和可持续发展方向转型的重要手段之一。

（四）陶瓷材料

陶瓷材料，作为一种重要的工程材料，具有多种独特的物理化学性质和广泛的应用领域。其主要成分通常是硅，加上其他添加剂和处理方法，使其具备了诸如抗腐蚀、高温耐受、电绝缘等特性，这些特点使得陶瓷材料在机械设计领域中发挥了重要作用。陶瓷材料因其密度低、硬度高以及化学稳定性而被广泛应用于各种工程设备和器件的制造中。在高温和腐蚀环境下，陶瓷材料表现出色，能够保持稳定的性能和结构完整性，例如在燃气轮机的高温部件、化学反应器的内衬以及核电站的核燃料棒上的应用。其抗腐蚀性和耐磨损特性使得陶瓷成为能够长期在恶劣环境下工作的理想选择。陶瓷材料在电子和电气工程领域中具有重要应用。由于其良好的电绝缘性能和热导率低，陶瓷广泛用于电子元器件、电路板绝缘层、电子封装和高频设备中，保证了电子设备的稳定性和安全性。例如，氧化铝陶瓷常用于高压电子设备的绝缘和封装，能有效隔离和保护电路不受外界环境影响，延长设备的使用寿命。

陶瓷材料在医疗器械和生物工程领域中也发挥着重要作用。由于其生物惰性和良好的生物相容性，一些特定类型的陶瓷如氧化锆和氧化铝被广泛用于制造人工关节、牙科修复材料和植入式医疗设备。这些材料不仅能够与人体组织兼容，减少排异反应，还具备出色的耐磨性和抗腐蚀性，确保医疗设备在长期使用中的可靠性和安全性。然而，尽管陶瓷材料在各个领域中展现出了诸多优异特性，但其也面临一些挑战和限制。陶瓷材料一般具有较高的脆性和易碎性，使得在设计和制造过程中需要特别注意避免过大的力学应力和冲击，以防止材料的破损和损坏。陶瓷的制造成本较高，尤其是在复杂形状和精密加工要求较高的情况下，其生产成本更是显著提高，这限制了其某些大规模应用。

二、机械设计中材料选择与应用的基本原则

机械设计包括很多领域，而这些领域中所涉及的机械材料不同，所以对于各种零件的运用效果也各不相同。

（一）考虑材料的载荷水平

材料的载荷水平是机械设计中至关重要的考虑因素。它直接影响到机械设备的性能、可靠性和使用寿命。材料的载荷水平决定了机械设计的质量和可靠性。如果选用的材料承载能力过低，那么在实际运行中可能会出现承载能力不足的问题，甚至可能导致机械部件的过早磨损或损坏。例如，在高负荷、高压力或频繁运转的机械系统中，如果材料的载荷水平不足，就无法保证设备的正常运行和安全性，从而影响整个生产流程和设备的寿命。为了确保机械设计的有效完成和后期维护的顺利进行，必须对材料的载荷水平进行严格审查和评估。这包括对材料的物理特性、力学性能、耐久性等方面进行全面考量。只有在确认材料能够承受预期的工作载荷并保持稳定的性能时，才能够确保机械设备在使用过程中不会出现意外故障或损坏。及时的材料更换和更新是保证机械设备长期稳定运行的关键。随着使用时间的增长和工作环境的变化，原先选择的材料可能会出现性能衰减或者不再适应新的工作要求。因此，定期对机械设备进行检查和维护，并根据实际情况更新材料是非常必要的措施。

（二）选用低耗环保材料

在当前社会，环保节能已成为各行业发展的主要趋势，机械设计领域也不例外。选择低耗环保材料在机械设计中的应用，不仅关乎产品的质量和性能，更是对环境可持续发展的一种重要贡献。选用节能环保材料是现代机械设计的重要策略之一。这些材料不仅具有较低的能耗和资源消耗，还能有效减少生产过程中的能源排放和环境负荷。例如，一些新型复合材料、可再生材料或者具有良好循环利用性的材料，如生物基材料和可降解材料，它们在机械制造中的应用，可以显著降低对环境的影响。

在机械设计的过程中，必须考虑到可能对环境造成的潜在影响。这包括在材料选取、工艺设计以及设备运行阶段，是否会产生噪声、废水、废气等污染。如果存在环境污染问题，就必须采取相应的改善措施，例如优化生产工艺、增加污染治理设施，确保在生产过程中达到环境保护标准。为了进一步确保环保目标的实现，应优先选择对环境无污染的原材料，并在设计过程中考虑材料的整个生命周期，这包括从材料采购、生产制造、使用阶段到废弃处理的全过程管理。同时，一旦设计中产生污染物或废弃物，需要及时清理并采取有效的污染物治理方案，以减少环境负荷和资源浪费。

（三）选用绿色无害材料

在现代机械设计领域，选择绿色无害材料已经成为一种不可或缺的趋势和责任。这些材料不仅能够有效减少对环境的污染，还能保障人类健康，促进可持续发展的实现。选用绿色无害材料在机械设计中的重要性体现在减少环境污染和资源消耗方面。传统材料如塑料、金属合金等在加工、使用和废弃处理过程中可能释放有害物质，如挥发性有机化合物、重金属等，对土壤、水源和大气造成污染。相比之下，绿色无害材料如生物基材料、可降解材料、无毒无害的环保合成材料等，其生产和使用过程中排放的污染物极少，能够有效减少对环境的负面影响。

选用绿色无害材料也有利于保护人类健康。现代社会对于产品安全和健康问题的关注日益增加，因此在机械设计中选择材料时，必须考虑其是否对人体安全产生不利影响。例如，一些含有害物质的材料可能会通过接触、吸入或食入进入人体，造成慢性中毒或其他健康问题。而绿色无害材料则大多经过严格的环境和健康安全检测，确保在使用过程中不会对操作者和最终用户造成健康风险。为了实现机械设计中的绿色无害材料的选择，需要全面考虑其从生产、使用到废弃的整个生命周期。这包括评估材料的可持续性、资源利用效率以及废弃后的再利用或处理方式。例如，通过推广可循环利用和生物降解的材料，可以最大限度地减少资源消耗和废弃物排放，实现循环经济的理念。

（四）注重零件的实用性

在机械设计过程中，选取实用性强的零件是提高设计质量和效率的重要手段。实用性强的零件不仅能够确保机械设备的可靠性和耐用性，还能提升整体性能和生产效率。然而，零件选取必须结合实际设计需求，才能真正实现预期效果，避免产生不必要的负面影响。实用性强的零件能够显著提升机械设计的质量。高质量的零件通常具备优越的材料特性和加工精度，能够在长期使用中保持稳定的性能。例如，在传动系统中，选用高精度的齿轮和轴承可以减少摩擦损耗，提高传动效率，从而延长设备的使用寿命。又如，在液压系统中，选用高可靠性的密封件和阀门可以确保系统的密封性和工作稳定性，避免泄漏和故障。

实用性强的零件能够提升机械设计的效率。高效的零件设计和选取能够简化装配和维护过程，减少生产和维修时间。例如，模块化设计的零件可以方便快速更换，减少停机时间，提高生产线的运行效率。此外，选用标准化零件可以简化供应链管理，降低库存成本，进一步提高生产效率和经济效益。然而，在选取零件时，必须充分考虑机械设计的实际需求和具体条件。过度追求零件的实用性可能导致成本增加，超出预算，从而影响项目的整体可行性。因此，零件选取应在确保实用性的前提下，兼顾成本效益。例如，对于非关键部件，可以适当选用性价比较高的零件，以平衡性能和成本。零件选取还需考虑其与整体设计的兼容性和协调性。不同零件之间的配合和协调关系直接影响到整个机械系统的运行效果。如果选用的零件不符合设计要求或与其他零件不匹配，可能会导致系统运行不稳定或出现故障。例如，在机械结构中，选用不合适的连接件可能导致连接不牢固，影响结构强度和安全性。

（五）注重材料的经济实用性

资金投入是不可避免的，如何在保证设计要求和性能的前提下，尽可能地降低材料成本，是机械设计师需要重点考虑的问题。注重材料的经济实用性尤为重要。选择经济实用的材料可以有效降低项目的整体成本。选用性价比高的材料，不仅能减少原材料的采购费用，还能降低加工和制造成本。例如，在某些不需要特别高强度和特殊性能的部件上，可以选择一些成本较低的标准材料或常规合金材料，既能满足使用需求，又能大幅度降低成本。同时，通过优化材料的使用量和结构设计，减少不必要的材料浪费，也是降低成本的有效方法。注重材料的经济实用性有助于提高生产效率。在实际生产中，选择易于加工和成型的材料，可以减少加工难度和时间，提高生产效率。例如，铝合金和钢材在许多机械零件中广泛应用，因其良好的加工性能和适中的成本，成为许多机械设计的首选材料。此外，合理选择材料的标准化和模块化设计，不仅可以简化生产工艺，还能降低制造成本和缩短生产周期。

经济实用的材料选择有助于提高产品的市场竞争力。在当前激烈的市场竞争环境中，降低生产成本是提升产品竞争力的重要手段。通过合理选材和优化设计，既能保持产品的性能和质量，又能有效控制成本，从而在市场上获得更大的竞争优势。例如，采用高性价比的材料和先进的制造工艺，可以在不降低产品质量的情况下，降低生产成本，提高产品的市场竞争力。合理选择经济实用的材料还需要关注材料的可获取性和供应稳定性。在选择材料时，不仅要考虑材料的性能和成本，还要考虑其市场供应情况和稳定性。选择那些供应稳定、价格合理的材料，可以避免因材料短缺或价格波动导致的生产中断和成本增加。例如，常用的钢材和铝材因其丰富的资源和成熟的生产技术，成为许多机械设计中的首选材料。

三、材料选择与应用在机械设计中的注意事项

（一）经济性与实用性相统一

在机械设计领域，实现经济性与实用性的统一是至关重要的原则。这个原则不仅能够保障设计和制造过程中的成本效益，还能确保产品的质量和性能，从而提高整个机械系统的效率和竞争力。为此，需要在材料选用、加工过程和设计优化等方面进行综合考虑和科学规划。在加工过程中，严格按照设计要求对零件材料进行加工和运用是实现经济性与实用性统一的关键。确保每一个零件的加工都符合设计规范和标准，可以有效避免因加工误差导致的材料浪费和性能损失。先进的加工技术和精密的加工设备，可以提高加工精度和效率，减少废品率和返工率，从而降低生产成本。同时，通过优化加工工艺和流程，可以进一步提升生产效率，缩短生产周期，实现资源的高效利用。

在材料选取方面，优先选择一些经济实用的加工材料是实现经济性与实用性统一的另一个重要途径。经济实用的材料不仅能够满足设计和使用要求，还能在一定程度上降低成本，提高工作效率。例如，在常见的机械设计中，钢材、铝合金和复合材料因其良好的力学性能和经济性被广泛应用。合理选择这些材料，并结合具体的设计需求进行优化，可以在保证产品性能的前提下，有效控制成本。在选材过程中，还应考虑材料的可加工性和供应稳定性。例如，铝合金因其轻质、高强度和良好的加工性能，被广泛应用于航空、汽车和机械制造等领域。通过选择这种经济实用的材料，不仅可以提高产品质量，还能降低生产成本，提升市场竞争力。

设计优化也是实现经济性与实用性统一的重要手段。通过结构优化和创新设计，可以在保证产品功能和性能的基础上，减少材料使用量和降低加工难度。例如，通过有限元分析和拓扑优化，可以对零件结构进行优化设计，去除多余的材料，提高结构强度和刚度，从而实现材料和成本的双重节约。同时，采用模块化设计和标准化零部件，可以简化装配和维护过程，提高生产效率和产品的一致性。经济性与实用性的统一不仅体现在材料和加工方面，还包括整个生产制造过程的管理和优化。通过引入先进的管理理念

和信息化技术，可以实现生产过程的精细化管理和资源的高效配置。例如，利用 ERP 系统和 MES 系统，可以对生产计划、库存管理和质量控制进行全面管理，减少资源浪费和生产瓶颈，提高生产效率和产品质量。

（二）节能性和环保性相统一

作为我国重要的发展领域，机械设计在过程中不可避免地会产生一定的污染物，对环境造成负面影响。为了实现节能和环保的双重目标，需要在设计和生产过程中采取一系列措施，从材料选用到加工设备的革新，全面贯彻绿色发展的理念。在设计加工材料方面，必须选用绿色环保的材料，而不是低成本高污染的加工原料。虽然低成本材料在短期内看似节约了资金，但其长期环境成本却是巨大的。高污染材料不仅会在生产过程中排放大量有害物质，影响空气、水质和土壤，还可能导致工人的健康问题，增加后续的治理和医疗成本。因此，选用绿色环保材料不仅是对环境负责，也是为社会和企业的长远利益考虑。例如，可再生材料、可降解塑料和环保型合金材料等，都应优先考虑用于机械设计中。机械设计领域需要引进并创造新型的机械设计加工设备，以实现节能和环保的生产原则。传统的机械加工设备往往能耗高、效率低，容易造成资源浪费和环境污染。通过采用先进的制造技术和设备，可以显著提高能源利用效率，减少污染物排放。例如，采用数控技术和自动化设备，不仅可以提高加工精度和生产效率，还能减少能源消耗和废料产生。此外，推广使用电动或混合动力设备，代替传统的燃油设备，可以大幅度减少碳排放，实现低碳生产。

同时，应加强对能耗和环境影响的评估和控制。引入生命周期评估（LCA）方法，对产品从原材料采购、生产制造、使用到废弃处理的整个生命周期进行全面评估，找出各环节的能耗和污染源，并采取相应的改进措施。例如，通过优化产品结构设计，减少材料使用量，降低产品重量，可以在保证产品性能的同时，减少能耗和环境负担。此外，推广使用可再生能源，如太阳能、风能等，为机械加工提供绿色能源支持。加强企业内部的环保意识教育和管理，也是实现节能环保的重要举措。企业应建立完善的环保管理体系，制定和实施严格的环保标准和操作规程，确保每个环节都符合环保要求。同时，开展环保培训，提高员工的环保意识和技能，使其在日常工作中自觉遵守环保规定，减少污染物的产生和排放。例如，通过开展节能减排竞赛、奖励节能环保建议等活动，激励员工积极参与环保工作，形成全员参与的良好氛围。

在经济全球化趋势的推动下，我国的工业化进程正在不断加快，其中机械设计领域作为一个重要的生产领域，对推动我国经济发展发挥着至关重要的作用。而且，在我国高速发展的过程中，绿色发展已经成为我国的核心发展理念。机械设计领域需要紧跟这一理念，秉承绿色无污染发展的目标，在原料和材料的选用上优先考虑绿色无污染的资源。同时，机械设计领域要结合实际发展情况，制定和实施有效的污染物治理计划。

机械设计领域应严格选用绿色无污染的原料和材料。传统的机械制造过程中，往往会选用一些低成本但高污染的材料，这不仅对环境造成了严重破坏，还给工人的健康带来了潜在威胁。因此，在选材时应优先选择那些对环境友好、可再生、可降解的材料，例如，可再生塑料、环保型合金材料等，这不仅能满足机械设计的需求，还能有效减少环境污染。同时，应积极推广和应用新型材料技术，如纳米材料、生物基材料等，这些材料不仅具有优良的性能，还具有良好的环境兼容性。机械设计领域应引进和创新节能环保的加工设备和工艺。

在污染物的治理方面，机械设计领域需要结合实际发展情况，制订和实施有效的治理计划。污染物的产生和排放是机械制造过程中不可避免的问题，因此需要采取科学合理的治理措施。例如，建立完善的废气、废水、固体废物处理系统，通过物理、化学、生物等多种手段对污染物进行处理和回收，确保排放达到环保标准。同时，应加强对污染物的监测和管理，及时发现和处理污染问题，防止污染物对环境和人体健康造成危害。机械设计领域还应加强环保意识教育和管理。

第二节　常用材料的特性及适用范围

一、机械设计中常用材料的特性

（一）钢

1. 碳钢

碳钢是机械设计中广泛使用的一种材料，根据碳含量的不同，碳钢可以分为低碳钢、中碳钢和高碳钢。每种碳钢的特性各异，适用于不同的应用场景。低碳钢（碳含量通常在0.05%至0.25%之间）因其具有良好的可塑性和焊接性，广泛应用于需要成型和焊接的机械零部件中。低碳钢的可塑性使其能够被加工成各种形状，适合制造复杂的零件，例如汽车车身、建筑钢材和普通机械部件。其优异的焊接性能使得它在需要大量焊接操作的工程中非常受欢迎，如船舶制造和桥梁建设。由于低碳钢的强度和硬度较低，它通常用于制造承受较小载荷的部件，但可以通过表面硬化处理提高其表面硬度，从而扩展其应用范围。

中碳钢的碳含量通常在0.25%至0.60%之间，相比低碳钢具有更高的强度和硬度。中碳钢在经过热处理后可以获得更高的强度和韧性，因此在机械设计中用于制造需要承受中等载荷的零部件，如轴类、齿轮和连杆。这些零件要求材料具有良好的综合力学性能，既要有足够的硬度和强度来承受工作负荷，又要有一定的韧性来抵抗冲击和振动。中碳钢在加工过程中需要控制其热处理工艺，以获得最佳的力学性能，常用的热处理方法包括淬火和回火。

高碳钢的碳含量通常在0.60%以上，具有最高的硬度和强度，但其韧性和可塑性较差。高碳钢经过热处理后，可以获得非常高的硬度和耐磨性，适用于制造需要高硬度和耐磨性的机械零件，如刀具、模具、滚动轴承和高强度弹簧。由于高碳钢的硬度极高，通常需要进行精密加工和热处理，以确保零件在使用中的可靠性和寿命。高碳钢在热处理过程中容易产生应力和裂纹，因此加工和处理时需要特别注意，避免因材料缺陷导致零件失效。

2. 合金钢

合金钢是机械设计中常用的材料之一，通过加入铬、镍、钼等合金元素，可以显著提高钢的强度、耐磨性和耐腐蚀性。合金钢的这些优异性能使其在各种严苛的应用场景中表现出色，成为许多机械设计师的首选材料。

铬是合金钢中最常见的合金元素之一。铬的加入能显著提高钢的硬度和耐磨性，同时还可以增强其耐腐蚀性能。铬元素在钢中的作用类似于碳，能形成碳化铬，提高钢的硬度和耐磨性。例如，含铬合金钢常用于制造需要高硬度和耐磨性的零部件，如切削工具、模具、轴承和高速钢刀具等。此外，铬还可以在钢表面形成一层致密的氧化膜，这层氧化膜能够有效防止钢材进一步氧化，从而提高其耐腐蚀性能。因此，含铬合金钢广泛应用于化工设备、海洋工程和食品加工机械中。

镍是另一种常见的合金元素。镍的加入可以提高钢的强度、韧性和抗疲劳性能，同时还具有良好的耐腐蚀性。镍在钢中能形成奥氏体组织，增加钢的强度和韧性，使其在低温下也能保持良好的性能。例如，含镍合金钢常用于制造需要高强度和高韧性的零部件，如航空发动机部件、压力容器和桥梁结构件等。此外，镍还具有优异的耐腐蚀性能，特别是在酸性和碱性环境中，含镍合金钢表现出色。因此，镍合金钢在化工设备、石油天然气管道和海洋工程中得到广泛应用。

钼是第三种重要的合金元素。钼的加入可以提高钢的强度、耐磨性和高温性能，同时还能增强其耐腐蚀性。钼在钢中能形成碳化物，增加钢的硬度和耐磨性，使其在高温下仍能保持良好的性能。例如，含钼合金钢常用于制造需要高强度和耐高温的零部件，如涡轮机叶片、热交换器和锅炉管道等。此外，钼还能提高钢的抗点蚀和抗缝隙腐蚀性能，使其在腐蚀性环境中表现更为出色。因此，含钼合金钢广泛应用于化工设备、海洋工程和核电设备中。

3. 不锈钢

不锈钢的耐腐蚀性能主要来自铬的添加。铬在不锈钢中起到了至关重要的作用。当铬含量达到一定比例（通常至少 10.5%），铬就会与氧气反应，在不锈钢表面形成一层致密的氧化铬膜。这层氧化膜非常薄，却极为坚固，可以有效地防止钢材进一步氧化，从而提高不锈钢的耐腐蚀性能。这使得不锈钢在潮湿、酸性和碱性环境中都能保持良好的性能，不易生锈。例如，304 不锈钢和 316 不锈钢是最常见的两种不锈钢，它们分别含有 18%的铬和 8%的镍，以及 16%的铬、10%的镍和 2%的钼，广泛应用于厨房用具、化工设备和海洋工程中。镍在不锈钢中的作用也非常重要。镍的加入不仅能提高不锈钢的耐腐蚀性能，还能增强其耐热性能和韧性。镍能够稳定不锈钢中的奥氏体组织，使其在低温和高温下都能保持良好的性能。例如，奥氏体不锈钢由于含有较高比例的镍和铬，具有优异的低温韧性和高温强度，适用于制造需要在极端温度条件下工作的设备，如低温储罐、锅炉和热交换器。此外，镍还能提高不锈钢的机械加工性能，使其在加工过程中更易于成型和切削。

不锈钢的耐热性能使其在高温环境中仍能保持稳定的物理和化学性能。许多不锈钢能够在 600℃以上的高温下保持良好的强度和耐腐蚀性能，因此广泛应用于高温工业设备和工程结构中。例如，耐热不锈钢如 310S 不锈钢含有较高的铬和镍，能够在高温下保持良好的抗氧化性能，适用于制造高温炉管、热处理设备和工业炉内衬等。除了优异的耐腐蚀性和耐热性，不锈钢还具有美观的外观和良好的加工性能，使其在建筑装饰和家居用品中得到广泛应用。不锈钢的光洁表面和高强度使其非常适合用于制造建筑幕墙、桥梁栏杆、室内装饰、厨房设备和卫生洁具等。此外，不锈钢易于清洁和维护，具有较长的使用寿命，广泛应用于追求卫生和美观的场所，如医院、食品加工厂和餐饮业。

（二）铝合金

1. 6061 铝合金

6061 铝合金具有良好的机械性能。其屈服强度和抗拉强度都比较高，分别可达约 276MPa 和 310MPa，使其能够承受较大的载荷。由于其优异的强度，6061 铝合金常用于制造高强度和高负荷的结构件，例如航空航天工业中的机身结构、汽车工业中的底盘部件和船舶工业中的船体结构。此外，6061 铝合金还具有良好的疲劳性能和抗冲击性能，使其在长期使用过程中表现出色，能够适应各种复杂的工作环境。6061 铝合金的可加工性也是其一大优势。该合金具有良好的可切削性和可焊性，适合通过多种加工工艺进行制造和成型。6061 铝合金能够进行锻造、轧制、挤压和机加工等多种加工方式，因此广泛应用于制造各种复杂形状和高精度的零部件。例如，在机械制造和精密仪器工业中，6061 铝合金常用于加工各种零件和部件，如轴承、齿轮、连接件和支架等。此外，由于其良好的可焊性，6061 铝合金在需要焊接连接的结构件中也有广泛应用，如建筑框架、桥梁和铁路车辆等。

6061 铝合金还具有优异的耐腐蚀性能。由于其表面能够形成一层致密的氧化铝膜，这层氧化膜能够有效地防止腐蚀介质的侵蚀，从而提高材料的耐腐蚀性能。6061 铝合金在大气、海水和多种化学介质中都表现出色，特别适用于在恶劣环境中使用的零部件和设备。例如，在海洋工程中，6061 铝合金常用于制造海上平台、船舶设备和海水淡化设备等，能够长时间抵抗海水的腐蚀。6061 铝合金具有良好的导电性和导热性。尽管其导电性能不如铜，但在重量和成本方面具有显著优势，因此在电力和电子工业中有广泛应用。例如，6061 铝合金常用于制造导电母线、电缆和电气连接器等。此外，其优良的导热性能使其成为制造散热器、冷却器和热交换器等设备的理想材料，能够有效地散热和传导热量，保证设备的稳定运行。

2. 7075 铝合金

7075 铝合金具有卓越的强度特性。其屈服强度可达到约 503 MPa，抗拉强度可达到约 572 MPa，属于高强度铝合金的范畴。这种高强度使 7075 铝合金能够承受较大的载荷和应对高强度的工作环境，特别适用于需要轻量化设计但又要求高强度的应用场合。7075 铝合金常用于制造飞机机身、发动机零部件和飞行控制系统等，能够显著减轻飞机重量同时保证其结构的强度和稳定性。

7075 铝合金具有良好的耐腐蚀性能。虽然不及铝-锌合金（如 7075 铝合金的前身 7075-T6），但其通过合适的表面处理和保护措施可以显著提高其耐腐蚀性能。这使得 7075 铝合金在海洋环境、高温高湿环境和化学腐蚀介质中依然能够保持良好的使用性能，适合于各种恶劣工作环境中的长期使用。然而，7075 铝合金的可焊性较差，这是其一个显著的特点。高硬度和高强度的 7075 铝合金在焊接过程中容易发生开裂和变形现象，因此在实际应用中需要采用专门的焊接工艺和预处理措施来保证焊接质量。尽管如此，由于其优异的强度特性和轻量化优势，7075 铝合金在航空航天、汽车运输和运动器材等领域仍然广泛应用，尤其是在需要高强度和轻量化设计的部件和产品中。

（三）铜合金

1. 黄铜（铜锌合金）

黄铜具有优异的机械性能。其强度和硬度随着锌含量的增加而增加，使得黄铜能够满足不同应用场合的需求。一般来说，常见的黄铜强度介于 200 MPa 到 550 MPa 之间，具体取决于合金成分和热处理状态。这种优良的机械性能使黄铜适合于制造各种需要强度和硬度支持的零部件，如阀门、管道、装饰品和机械连接件等。黄铜具有良好的加工性能和可塑性。由于其较低的熔点和良好的塑性，黄铜易于加工成各种复杂形状和细小结构，适合于铸造、锻造、轧制和切削等多种加工工艺。这使得黄铜在制造精密零件和复杂构件时表现出色，能够满足设计师对高精度和复杂形状的需求。

黄铜还具有优异的耐腐蚀性能。其主要成分铜具有良好的抗氧化和耐蚀性，而锌的添加能够增强其耐腐蚀性，使其在湿润和腐蚀性环境中依然能够保持稳定的化学性能。因此，黄铜常被用于制造需要良好耐蚀性能的零部件，如海水处理设备、化学处理设备和装饰品等。

然而，黄铜的一些特性也需考虑。例如，黄铜在高温下容易软化和变形，其在高温环境下的稳定性相对较差。此外，黄铜虽然具有较好的耐蚀性，但在特定酸性环境或高氨环境中可能会发生腐蚀，因此在选择使用时需考虑具体的使用条件和环境因素。

黄铜常与其他材料如铝合金、不锈钢和塑料等组合使用，以发挥其各自的优势和特性。铝合金由于其轻量化和良好的可加工性，在需要减少重量和提高加工效率的应用中经常与黄铜结合使用。不锈钢由于其优异的耐腐蚀性和强度特性，在化工和食品加工设备中与黄铜配合使用，以确保设备长期稳定运行。

2. 青铜（铜锡合金）

青铜是一种重要的铜合金，主要由铜和锡组成，具有优异的耐磨性和机械性能，在机械设计中广泛应用于轴承、齿轮等需要耐磨性能的部件制造。青铜具有出色的耐磨性能。其主要成分锡的添加使青铜具有良好的耐摩擦和耐磨损性能，能够在高负荷和高速运转条件下保持稳定的摩擦系数和耐磨损能力。因此，青铜常被用作制造摩擦副部件，如轴承、齿轮、滑动轴承等，在机械传动系统中发挥重要作用，确保设备运行平稳和耐久性良好。青铜具有良好的机械性能。由于铜和锡的配比可以调整青铜的硬度、强度和耐疲劳性能，使其能够满足不同工程应用的要求。一般来说，青铜的抗拉强度在 200 MPa 到 600 MPa 之间，硬度较高，能够承受较大的静态和动态负荷。这种优异的机械性能使青铜在重载条件下的使用表现出色，特别适合于需要耐磨、耐蚀和高强度要求的应用场合。

青铜还具有良好的耐蚀性能和抗腐蚀性能。铜的主要成分使青铜具有良好的抗氧化和耐蚀性，适用于多种环境条件下的使用，如海水环境、化学处理设备和高湿度环境中。这使得青铜不仅在机械传动系统中表现出色，还能够在需要稳定性和长期耐用性的环境中保持良好的使用状态。

然而，青铜在一些特定工艺上可能存在的问题需要注意。例如，青铜的摩擦系数和耐磨损性能受到润滑条件和工作温度的影响较大，需根据具体应用选择合适的润滑剂和操作条件，以确保其稳定的工作效果和寿命。青铜常与其他材料如钢、铝合金和塑料等组合使用。与钢材组合使用时，青铜可以提供优异的摩擦性能和耐磨性，适合于制造高速运转和重载条件下的轴承和齿轮。与铝合金组合使用时，青铜可以增加零部件的强度和耐久性，适用于需要轻量化设计和高耐磨性能的应用场合。

二、机械设计常用材料的适用范围

（一）钛合金

钛合金是一种具有高强度、低密度、优异的耐腐蚀性和耐高温性能的先进金属材料，因其独特的特性而在航空航天、海洋工程、医疗器械等高端应用领域广泛应用。

钛合金具有优异的强度和低密度特性。其强度与一些常见的钢材相近，但密度却只有其一半左右，这使得钛合金成为制造轻量化结构件和零部件的理想选择。轻量化设计可以显著降低飞行器的燃料消耗，提高飞行器的整体性能和载荷能力。同时，轻量化的结构件可以减少设备的自重，延长设备的使用寿命和降低维护成本。钛合金具有出色的耐腐蚀性能。钛合金表面形成的氧化膜能够有效防止其进一步腐蚀，使其在海水和强酸碱环境中具有良好的稳定性。这使得钛合金在海洋工程、化工设备和医疗器械等要求高耐蚀性的应用中得到广泛应用。在医疗器械领域，钛合金因其与人体组织良好的兼容性和生物惰性，常用于制造假体和外科手术器械，如人工关节、牙科种植体等，以确保医疗设备的长期安全使用。

钛合金还具有优异的耐高温性能。其熔点高达1668℃，具有良好的高温稳定性和抗氧化能力，使其在航空发动机、燃气轮机和高温反应器等高温环境下能够稳定运行。这种特性使得钛合金在高温工程领域中有着重要的应用，如航空航天领域的发动机叶片、涡轮盘及高温传热设备中的管道和容器等。

然而，钛合金在加工和成本方面也存在一些挑战。由于其化学惰性和高熔点，钛合金加工需要特殊的设备和工艺，成本较高，制造周期较长。因此，在设计中需综合考虑其特性和成本效益，合理选择材料和工艺，以确保最终产品的性能和经济性。

（二）复合材料

复合材料是由两种或多种不同类型的材料组合而成，以获得合成材料具有的新特性。常见的复合材料包括碳纤维增强塑料（CFRP）和玻璃纤维增强塑料（GFRP），它们因高强度、低重量和优异的性能在各种工程领域中得到广泛应用。

复合材料具有卓越的强度和刚度。碳纤维和玻璃纤维等纤维材料的高强度和优异的拉伸性能使得复合材料在轻量化设计和高强度要求的场景中表现突出，被广泛应用于飞机机身、翼面、机翼和航天器结构件，能够显著减轻飞行器的整体重量，提高燃油效率和飞行性能。

复合材料具有优异的耐腐蚀性和耐老化性能。复合材料不容易受到氧化、腐蚀和化学侵蚀的影响，在海洋环境、化学工业和高湿度条件下能够保持长期稳定的使用状态。这使得复合材料在海洋工程、化工设备和汽车制造等领域中得到广泛应用。复合材料还具有良好的设计自由度和加工性能。由于其可塑性和成型性，复合材料能够通过不同的成型工艺（如压模成型、注塑成型和激光增材制造等）制造出各种复杂的结构件和零部件。这种特性使得复合材料在体育用品、汽车外壳和电子设备的外壳设计中得到了广泛应用，能够实现更轻、更坚固和更具设计美感的产品。

然而，复合材料在一些方面仍然存在挑战，例如成本较高、回收再利用难度大等问题，需要在设计和生产中综合考虑其特性和实际需求，寻找最佳的平衡点。

第三节　材料在机械设计中的应用

一、塑料在机械设计中的应用

（一）自动化设备

1. 塑料在安全防护方面的应用

在自动化设备中，安全是首要考虑的因素之一。塑料材料常用于制造安全防护设备，如隔板、缓冲装置和脚垫等。这些部件不仅能够有效隔离和保护操作人员免受设备运行时的伤害，还能提高设备的整体安全性和操作效率。例如，塑料隔板和缓冲装置能够减少设备运行时的振动和噪声，改善工作环境。

2. 塑料在机械臂和运动部件中的应用

机械臂作为自动化设备中的关键组成部分，通常需要具备轻量化、耐磨和高耐久性等特性。塑料材料，如工程塑料和增强塑料，由于其优异的耐磨性、化学稳定性和低摩擦系数，在制造机械臂和其运动部件时得到广泛应用。塑料制成的滚轮、脚轮和密封圈，能够在运动过程中保持稳定性和高效运转。

3. 塑料在定位和密封方面的应用

自动化设备中常需要进行精确的定位和密封，以确保设备运行的稳定性和效率。塑料定位块和密封条由于其尺寸精准、耐腐蚀和易加工等特点，能够在不同工况下保持良好的工作状态，确保设备的精确操作和部件之间的有效密封。

4. 塑料在输送和包装方面的应用

自动化设备通常涉及物料的输送和包装，这要求输送部件和包装材料具有轻便、耐用和易清洁等特性。例如，塑料托盘、地毯和周转筐等，由于其重量轻、耐用且易于清洗的优点，广泛用于自动化生产线上的物料运输和存储，提高了生产效率和管理效率。

（二）电气行业

电气行业广泛涵盖了许多关键领域，其中马达电线、马达密封圈、联轴器、电器开关、电动玩具壳以及电器零部件等部件，是其重要的组成部分。这些组件不仅在现代工业中发挥着关键作用，而且在日常生活中也无处不在，为人们的生活和工作提供了便利和效率。

马达电线作为电动机的关键连接部件，承载着电流传输和信号传导的功能。它们通过优质的电绝缘材料和耐磨外皮，确保电动机在高负荷运行时仍能保持稳定和安全的工作状态。马达密封圈则起着防水、防尘、减少摩擦和保护内部机械件的作用，关乎电动机的长期使用和性能维持。联轴器作为机械传动系统中的重要连接装置，通过传递扭矩和转速，使不同部件协调运转，保证整体机械系统的高效运行。电器开关在电路控制中起到开关和调节电流的作用，广泛应用于家庭电器、工业设备和商业设施中，为电气系统的安全运行提供必要的控制和保护。电动玩具壳和电器零部件则直接关系到消费品市场的需求。电动玩具的壳体设计不仅考虑美观和安全性，还需兼顾耐用性和环保特性，以满足消费者对品质和可持续发展的期待。电器零部件则涵盖了各种细小但不可或缺的部件，如插座、插头、开关等，它们的设计和制造质量直接影响到电器产品的性能和用户体验。

（三）医疗

医疗器械是塑料材料应用的一个重要领域。例如，现代医疗器械如医用注射器、输液管道以及吊瓶等，普遍采用了高品质的塑料材料制造。这些材料不仅具备良好的生物相容性和抗菌性能，还能够承受严苛的医疗使用条件，如高温高压灭菌和长时间的化学物质接触，确保医疗过程中的安全性和可靠性。

塑料材料在人工脏器和人工血管等器械中的应用尤为突出。例如，人工心脏机械瓣膜和人工关节的制造需要材料具备优异的生物相容性和力学性能，以模拟自然器官的功能并确保长期稳定运行。塑料材料通过其设计灵活性和制造成本的优势，为这些人工器官的开发和改进提供了重要的技术支持。

食道、导污管等医疗设备的设计和制造也依赖于塑料材料的特性。塑料材料的高韧性和耐腐蚀性使得这些设备能够在复杂的生理环境中长期使用，同时保证了医疗过程中的安全性和效率。塑料材料的应用不仅限于医疗器械本身，还涉及医疗设备的外壳、连接件以及各种功能部件的制造。塑料材料的轻量化、易加工性和成本效益，使得它们成为现代医疗设备设计中不可或缺的一部分。这些材料不仅能够满足医疗设备的复杂设计需求，还能够在提高患者治疗舒适度和医护工作效率方面发挥重要作用。

（四）农业

塑料材料在人力抽水机活塞和出水管等关键部件中的应用显著提高了设备的耐用性和操作便利性。优质的塑料材料具有良好的耐腐蚀性和耐磨性，能够抵抗长期水负荷和环境变化，确保农民在艰苦的工作条件下依然能够高效地进行水源获取和灌溉工作。

在温室棚加压泵和秧苗培育底托等农业设备的制造中广泛采用了塑料材料。这些材料不仅能够有效地提高设备的使用寿命和性能稳定性，还能够减轻设备自重和降低运行能耗，从而实现农业生产的节能环保和可持续发展。在收割机制动踏板、座椅和蓄电瓶等农业机械器具的设计中，塑料材料的应用使得这些设备具备了更高的舒适性和操作便捷性。塑料制造的座椅和踏板不仅轻便耐用，还能抵抗农田中的潮湿和化学物质腐蚀，保证农民在长时间作业中的舒适性和安全性。塑料材料在机械器具的轻量化设计和结构优化中发挥了重要作用。塑料材料不仅具有更低的密度和更高的强度重量比，还能够减少机械振动和噪声，提升设备的稳定性和操作效率。

（五）汽车行业

塑料材料在汽车保险杠总成和前围格栅总成中的应用显著减轻了车身重量，提高了汽车的燃油经济性和行驶稳定性。优质的塑料材料具有出色的抗冲击性和耐磨性，能够有效地吸收碰撞能量并保护车辆乘员和机械部件不受损伤。

方向盘、车灯总成和发动机盖总成等汽车核心部件的制造广泛采用了塑料材料。这些材料不仅具备良好的抗老化性能和耐高温特性，还能够承受复杂的气候条件和日常使用中的各种机械应力，确保汽车在不同环境下的可靠运行。在汽车仪表架、前控制台总成和仪表台通风管总成的设计中，塑料材料的应用使得这些部件具备了更高的设计灵活性和生产效率。塑料材料的成型加工技术和成本效益使得汽车内饰部件的定制化和个性化设计成为可能，从而提升了驾驶员和乘客的用车体验。座椅前后、左右门饰板总成、行李箱、内饰件总成和尾门饰件总成等汽车装饰件的制造也依赖于塑料材料的优势。塑料制造的装饰件不仅轻便耐用，还能够实现复杂的设计图案和表面处理，满足消费者对汽车外观和内饰美观性的高要求。

二、金属在机械设计中的应用

（一）铸铁

铸铁在机械工程中的应用非常广泛。在马达的外壳和机械连杆中，铸铁因其优异的抗拉伸强度和耐磨性，能够有效地承受机械设备在运行中的高压力和振动，保证设备的稳定性和长期可靠性。各种机床床身、齿轮、机座和底座等部件也常采用铸铁制造，以确保机械设备的结构牢固和精确运行，满足工业制造的高要求。

铸铁在重型机械设备中的应用尤为突出。例如挖掘机、起重机、装载机和推土机等工程机械，其主要结构和承载部件通常采用铸铁铸造，以应对恶劣的工地环境和大型设备的高强度需求。铸铁的优良耐磨性和抗冲击性使得这些机械能够在复杂的施工现场中长时间稳定运行。在液压泵和水泵等流体传动设备中，铸铁的优异耐腐蚀性和密封性能使其成为常见的选择。铸铁制造的泵体和泵壳能够承受高压和高温环境下的工作要求，保证流体传输系统的安全和稳定运行。铸铁在船舶和汽车工业中的应用也非常重要。在船体推进器、汽车齿轮箱、转向部件、车架等方面，铸铁因其成本效益高和可制造成复杂形状而被广泛采用。例如，汽车发动机的凸轮轴和其他重要零部件的铸铁制造，不仅能够提高零部件的耐久性和性能稳定性，还能降低制造成本和提升生产效率。

（二）钢

合金结构钢在重要设备和工具制造中发挥重要作用。例如，用于锅炉汽包、压力容器、车辆、船舶的合金结构钢，具有优异的耐高温、耐腐蚀和抗压性能，能够在极端工作环境下保证设备的安全运行和长期稳定性。在冷冲模具中的刃口、成型用凸模和凹模等部件，合金结构钢的高硬度和耐磨性使其成为模具制造的理想选择。优质钢，如45#钢，常用于冷冲模具模架、导柱、导轨以及自动化设备的各类板件。这些部件需要具备高强度、高精度和良好的耐磨性，以确保设备的稳定运行和生产效率的提升。特殊钢在探针、挖掘机铲斗、破碎机、燃气轮机和弹簧等领域中应用广泛，其特殊的合金成分和优异的特性能够满足复杂工作条件下的需求，例如高温、高压和重载工作环境。工具钢作为一类专门用于制造量具、检测设备的探针和模具的材料，具有高度的硬度、耐磨性和尺寸稳定性，能够保证精确的加工和检测要求。

（三）铝

铝是一种轻便且具有优异性能的金属材料，在机械设计和制造领域中发挥着广泛的应用。其低密度和良好的加工性能使其成为多种工业和消费产品的理想选择，从汽车制造到航空航天，以及各种机械设备的制造都离不开铝的应用。

铝在汽车工业中的应用非常突出。它被广泛用于汽车的车架、车身结构、油箱和管道等部件。铝具有优异的强度重量比，能够显著减轻车辆的整体重量，提高燃油经济性和行驶稳定性。此外，铝合金也常用于汽车发动机的散热器和其他关键部件，如电机壳体和变速器壳，以提升汽车的性能和耐久性。铝在设备结构和机械制造中的应用也十分广泛。例如，机械手、气缸、自动化设备的台面板、固定板、垫板和加强板等关键部件常采用铝材料制造。铝材料不仅具备良好的耐腐蚀性和耐磨性，还能够实现复杂的加工形状和高精度的表面处理，满足各种工业设备对轻量化、高强度和精准制造的要求。铝合金被广泛应用于飞机结构和航空器件中。飞机的机翼、机身、尾翼和内部结构常采用高强度的铝合金，以确保飞行器的结构稳定性和飞行安全性。铝合金的良好机械性能和耐高温性能使其在极端的航空环境下表现出色，成为现代航空工业中不可或缺的材料之一。铝还用于制造各类工具和工业零部件，如铆钉、气流连接块、分流板、定位零件、仿形块和缓冲块等。这些部件通常要求具备良好的强度、耐磨性和耐腐蚀性，以满足复杂工业生产中的各种应用需求。

第四节　材料选择在机械加工中的注意事项

一、物理和机械性能

材料的物理和机械性能指标直接决定了产品的可靠性、耐久性以及在特定工作环境下的性能表现。理解并合理选择材料，是确保产品达到预期设计要求的关键步骤。

强度是材料最基本的机械性能之一。强度反映了材料抵抗外部力量破坏的能力，通常以抗拉强度、屈服强度和抗压强度等形式表现。需要考虑到产品所承受的最大载荷和应力条件，确保材料具备足够的强度，以防止因为强度不足而导致的断裂或塑性变形。刚度和韧性是另两个重要的机械性能指标。刚度反映了材料在受力后的变形能力，即其对形状变化的抵抗能力；而韧性则描述了材料在断裂前能够吸收的能量，通常通过冲击试验和断裂韧性测试来评估。需要根据产品所需的结构刚度和对冲击负荷的抵抗能力，选择具有合适刚度和韧性的材料，以确保产品在使用中不易发生变形或意外断裂。硬度是表征材料抵抗表面穿刺或划伤的能力。在工程中，硬度通常通过布氏硬度、洛氏硬度等指标进行测量。选择适当的硬度可以保证产品表面不易受到磨损或刮伤，特别是在需要长期耐磨性能的应用场合。耐磨性和抗腐蚀性是材料在特定环境中长期稳定性能的重要指标。耐磨性指材料在与其他表面接触时不易产生磨损和疲劳裂纹，而抗腐蚀性则是指材料在潮湿、腐蚀性环境中能够保持其化学和物理性质不受影响的能力。需要考虑到产品的工作环境，例如室外暴露、化工液体接触等，以确保材料具备足够的耐久性和稳定性。

在机械加工过程中，对材料的选择和使用还需要考虑到其加工性能和工艺性。不同材料的硬度、切削性和热处理特性会影响到加工的难易程度和加工后的产品质量。因此，在进行机械加工前，必须充分了解材料的物理和机械性能，并根据具体加工过程选择合适的切削工具、工艺参数和加工方法，以确保加工效率和产品质量。

二、加工性能和可制造性

不同材料具有各自独特的物理、化学和机械特性，这些特性直接影响到它们在加工过程中的表现和成本效益。

材料的硬度和切削性能是影响加工性能的主要因素之一。硬度高的材料通常更难以切削和形成所需的复杂形状，因此可能需要更耗时和昂贵的加工工艺。例如，钢、合金钢和部分铝合金具有较高的硬度，对切削工具的耐磨性要求高，需要选择适当的切削工具和加工参数，以确保加工质量和效率。材料的热处理特性和热稳定性在加工过程中也至关重要。某些材料在高温下可能会发生变形或者因热应力而导致加工精度下降。因此，需要考虑到加工过程中的温度控制和热处理需求，以避免材料性能的损失和产品质量的下降。加工性能还涉及材料的切削性、加工硬度以及表面质量的要求。例如，铸铁和铝合金等金属材料通常比较容易进行切削和钻孔，但不同等级的铸铁硬度和含碳量可能会导致刀具磨损加快，需要选择适当的切削工具和切削速度。相比之下，不锈钢等高硬度材料可能需要使用硬质合金刀具，并采取更精细的切削工艺来保证加工质量和生产效率。

塑料材料在机械加工中具有独特的优势，如良好的成型性和耐化学性。塑料通常采用注塑成型、挤出成型等快速成型工艺，适合于大批量生产和复杂形状的制造。然而，不同类型的塑料在加工过程中也需要考虑到其熔点、流动性和收缩率等特性，以避免因加工参数选择不当而导致的产品缺陷。材料的焊接性和接合性也是在机械设计中需要考虑的重要因素。某些材料如铝合金、不锈钢等具有良好的焊接性能，能够通过各种焊接方法实现强固的接合。然而，对于一些高硬度和特殊合金材料，可能需要特定的焊接工艺和预处理措施，以确保焊接接头的强度和耐久性。

三、成本和经济性

材料的采购成本是决定产品总成本的重要因素之一。不同类型的材料在市场上的价格差异较大，高性能材料通常具有较高的价格标签，而普通材料可能成本更为经济实惠。必须平衡产品所需的性能要求和预算限制，确保在满足产品功能的同时，选择成本合理的材料。

加工成本是另一个需要考虑的关键因素。不同材料的加工难度和加工工艺可能会对总体加工成本产生显著影响。例如，硬度较高的金属材料可能需要更耗时和复杂的加工过程，因此加工成本会相对较高。相比之下，某些塑料材料由于其良好的成型性和快速成型工艺，能够降低加工成本并提高生产效率。使用寿命和维护成本也是评估材料经济性的重要考虑因素。选择耐磨、耐腐蚀的材料能够延长产品的使用寿命，降低维护和更换成本。例如，使用不锈钢或特殊合金材料制造的部件通常具有较长的使用寿命，并且能够在恶劣环境下保持稳定性能，从而降低了维护频率和成本。

产品的市场定位和竞争策略也需要考虑到材料选择对于产品品质、形象和市场认可度的影响。有时候，选择高性能的材料可以提升产品的品质感和技术含量，从而增强市场竞争力和品牌形象。然而，必须确保选择的高性能材料能够通过成本效益分析，确保其能够为产品带来足够的市场价值和回报。

应该进行全面的材料评估和经济性分析，包括对材料的物理性能、机械性能、加工性能、采购成本、加工成本、使用寿命和维护成本等方面的综合考虑。通过合理权衡各项因素，选择最优的材料，以确保产品在市场上具有竞争力并实现成本效益的最大化。

四、合规性和安全性

合规性涉及材料是否符合国家和地区的法律法规，以及行业标准和产品认证要求。安全性则关乎产品在使用过程中的安全性能和避免可能的危险因素。了解和遵守法律法规是选择材料的基本要求。不同国家和地区可能有针对特定行业和应用的材料使用规定，如环保要求、有害物质限制等。需要确保所选材料符合相关的环境保护、健康安全等方面的法规要求，以避免因材料问题而引发的法律风险和处罚。

材料的安全性能是保证产品使用安全的重要因素。一些材料可能会因其化学成分或物理性质而对环境或人体健康造成潜在危害。例如，某些塑料材料可能含有有害物质，可能释放出挥发性有机化合物或其他有毒物质，在使用过程中可能会对操作者或终端用户造成健康风险。因此，选择材料时需要特别注意材料的毒性评估和生态风险评估，确保所选材料不会对环境和人体健康造成潜在危害。

材料的耐用性和稳定性也是安全性的考量因素之一。选择具有良好耐磨性、耐腐蚀性和抗老化能力的材料，可以延长产品的使用寿命，减少因材料老化或性能退化而引发的安全隐患。在某些高温、高压或特殊工作环境下，确保材料能够稳定工作并保持其物理性能是确保产品安全运行的关键之一。

材料的机械性能和工艺特性也直接影响到产品的安全性能。选择具有良好强度、刚度和韧性的材料，可以提高产品在承受外部力量和负载时的安全性能。在设计机械结构和选择材料时，必须充分考虑到产品的应力分布、承载能力和疲劳寿命，以确保产品在各种工作条件下的安全可靠性。

密切关注材料供应链的可追溯性和质量管理体系也是确保产品安全性的重要环节。选择有信誉和良好质量控制体系的供应商，确保从源头到产品制造的每个环节都符合规范要求和品质标准，有效地降低因材料质量问题而引发的产品安全风险。

第三章 现代机械设计中的仿真与优化

第一节 优化设计的基本概念与方法

一、优化设计的基本概念

（一）优化设计的基本术语

1. 设计变量

在设计过程中，进行选择并最终必须确定的各项独立参数称为设计变量（design variables）。在选择过程中它们是变量，但是这些变量一旦被确定后，则设计对象也就被确定了。优化是研究怎样合理地优选这些设计变量的一种现代设计方法。

设计变量的个数就是优化问题的维数。如有 n 个设计变量，则称为 n 维设计问题。在一般情况下，若有 n 个设计变量，把第 i（$i=1, 2, \cdots, n$）个设计变量记为 X_n，则其全部设计变量可用 n 维向量的形式表示为：

$$X= [x_1, x_2, \cdots, x_i, \cdots, x_n] \text{ 或 } X \in R^n \tag{2-1}$$

这种以 n 个独立变量为坐标轴组成的 n 维向量空间是一个 n 维实数空间，用 R 表示。如果其中两向量又有内积运算，则称为 n 维欧氏空间，用 E^n 表示。在优化中由各设计变量的坐标轴所描述的空间叫设计空间。

设计空间中的一个点就是一个设计方案优化的搜索过程，一般就是在相邻的设计点间做一系列定向的设计改变，即在点 k 到点 $k+1$ 间移动。例如直接搜索法的典型搜索情况，由下式给出：

$$X^{(k+1)} -X^{(k)} +a^{(k)} S^{(k)} \tag{2-2}$$

式中：向量 $S^{(k)}$ 决定搜索的方向，标量 $a^{(k)}$ 决定搜索的步长。

设计空间的维数又表征设计的自由度。设计变量越多，则设计的自由度越大，可供选择的方案越多，设计越灵活，但其难度也越大，求解过程也越复杂。一般含有 2～10

个设计变量的问题为小型问题，10~50 个设计变量的问题为中型问题，50 个以上的问题为大型问题。以下简要归纳一下在机械结构系统中的四大类主要设计变量及其应用时应注意的问题。

（1）结构的截面和结构元件的大小尺寸等变量

在结构设计中，截面的尺寸和长度通常作为正值进行设定，受到位移和应力的约束。这些尺寸由上下限值约束，可通过优化设计来减少设计变量的数量。采用分布系数优化设计时，常将截面积、结构元件的宽度等作为设计变量，以选择适当的型材。这种方法可以取代简单的截面尺寸设定，将截面抗弯模量作为设计变量，以提高结构设计的效率和性能。

（2）结构元件的几何配置或形状大小等变量

在结构设计中，特别是桁架结构的几何配置问题是形状优化的一个重要领域。通过设定节点间桁架构件的存在与否，可以将其表示为整数设计变量，其中存在时为 1，不存在时为 0。形状优化旨在在几何空间内探索最优的结构配置，以实现优化的性能和效率。这种方法允许工程师在设计过程中灵活调整桁架结构的形状和大小，以满足各种工程需求和约束条件。

（3）把使用的材料作为变量

结构设计中，材料选择及其组合对于设计的影响至关重要。随着复合材料如 FRP（纤维增强塑料）和 FRM（纤维增强金属）的广泛应用和实用化，材料选择变得更加复杂和关键。工程师需考虑材料的力学特性、耐久性以及成本等因素，以优化结构的性能和可靠性。因此，将材料类型和其组合作为设计变量，可以帮助实现更高效、更创新的结构设计方案。

（4）把制造方法等作为变量

在机械制造系统的优化中，除了关注生产成本、生产率和产品质量，还需考虑资源利用和环境影响的优化。这涉及制造方法的选择，如切削液的使用、能源的合理利用以及噪声控制等制造过程中的关键问题。通过将制造方法及其相关因素作为设计的变量，可以实现在综合考量下的优化决策，促进生产效率的提升同时减少环境影响。

2. 约束条件

在设计中，为了保证机械的安全、实用、功能等，其设计变量和系统的状态变量等必须满足一定的条件，这种条件叫作约束条件（constraint conditions）。对设计变量的直接限制（例如，若应力为设计变量，则应力值 σ 应不大于许用值 $[\sigma]$，构成直接限制），称为显约束。对设计变量的间接限制（例如，若结构应力为设计变量，且又是力和截面积的函数时，力和截面积就叫作其状态变量，则这些设计变量间接地受到许用应力的限制，构成间接限制），称为隐约束。约束条件可用数学等式或不等式来表示。等式约束可能为显约束也可能为隐约束。其形式为

$$h_i(X)=0\ (i=1,\ 2,\ \cdots,\ l) \tag{2-3}$$

式中：X 为设计变量；l 为等式约束的数目。

在机械优化设计中，不等式约束更为普遍。其形式为

$$g(X)\leqslant 0\ (i=1,\ 2,\ \cdots,\ k) \tag{2-4}$$

式中：X 为设计变量；k 为不等式约束的数目。式（2-4）为一般形式，它包含着式（2-3）的等式约束条件。其他约束条件的形式经过变换即可成为式（2-4）的形式。

（二）机械优化设计的角度

机械优化设计作为一个涵盖多个学科基础的包容性学科，在机械制造领域中具有重要的理论性和实务性特质。从学科内容建构的角度来看，它融合了数学、物理、化学以及材料科学等多学科知识内容，这些基础知识为其提供了理论支撑和实践应用的基础。机械优化设计借助 CAD 技术，能够在机械制造过程中实现复杂的设计和制造工艺。CAD 技术不仅使得设计过程更加高效和精确，还允许工程师在虚拟环境中进行多种设计方案的比较和优化。通过 CAD 软件，设计团队可以快速建立、修改和分析机械部件或系统，有效提升设计的创新性和生产效率。机械优化设计在机械制造的应用中，不仅体现了前沿优化理论的应用，还能够显著提高产品的质量和性能，降低制造成本，并缩短设计周期。通过优化设计，可以最大化地利用现有资源，减少不必要的材料浪费和人力投入，使得产品在市场竞争中具备更大的优势。

在机械系统设计中，选择合适的设计变量至关重要。设计变量的选择应当保证相互独立，避免耦合情况的发生，以确保优化设计的有效性和可行性。同时，确定目标函数和约束条件是优化设计过程中的关键步骤。目标函数通常根据产品的性能要求，如最大化强度、最小化成本或最优化效率等进行设定，而约束条件则涵盖了各种技术、经济和生产要求，确保设计方案在实际应用中的可操作性和可靠性。然而，机械优化设计也面临一些挑战和现实系统中不相吻合的情况。由于模型简化或理论假设的限制，优化设计结果可能与实际制造过程中的复杂性和变化性有所不同。因此，研发设计人员需要结合实际条件和生产要求，不断调整和优化设计方案，以确保最终产品符合预期的性能和质量标准。

二、优化设计的方法

优化设计是现代工程设计中的一项关键技术，通过数学中的最优化理论和计算机辅助手段，旨在从多种设计方案中选择最佳方案，以实现产品在结构、性能、质量、成本和市场竞争力等方面的最优化。在优化设计过程中，设计团队需要明确产品设计的性能目标，建立合适的目标函数，并在各种约束条件下，寻找最合适的设计变量。优化设计的核心是建立和定义适当的目标函数。目标函数通常反映了产品设计的优化方向，如最大化性能、最小化成本、优化效率等。这些目标是根据市场需求、技术标准和用户期望来确定的，对设计团队而言具有指导性和约束性，直接影响到最终产品的竞争力和市场表现。

优化设计涉及一组设计变量的选择和优化。设计变量是影响产品性能和特性的关键参数，有些可能已经固定，有些则需要在设计过程中优选。这些变量可能涵盖材料选择、尺寸设计、结构布局等方面，设计团队需要通过分析和计算，确定最佳的设计方案，以达到优化的目标和效果。在实际操作中，设计团队需要充分考虑各种约束条件。这些约束条件可以包括技术约束（如强度、刚度要求）、经济约束（如成本预算）、生产约束（如制造工艺限制）以及市场约束（如用户需求和竞争环境）。优化设计的关键在于在满足这些约束条件的前提下，找到最优的设计方案，使产品在各方面达到最佳的平衡状态。优化设计还依赖于计算机辅助工具的支持，特别是CAD（计算机辅助设计）和CAE（计算机辅助工程）技术的应用。这些工具不仅能够快速生成和分析设计方案，还能够模拟和评估不同设计选项在实际操作中的表现，从而提供决策支持和设计优化的依据。

第二节　仿真技术在机械设计中的应用

一、仿真技术的定义

仿真技术通过模拟和计算来预测和评估产品在实际制造前的性能和特性，从而为工程师提供了强大的设计优化和决策支持工具。主要的仿真技术包括数值仿真、有限元分析和计算流体力学等多个类别，每一类都在不同的方面为机械设计师带来独特的价值和应用。数值仿真是一种通过数学模型和计算方法对实际物理系统进行建模和分析的技术。数值仿真广泛应用于结构强度、热传导、动力学等方面的问题。工程师通过数值仿真可以精确地模拟零部件在不同工作条件下的受力、变形、温度分布等情况，这些信息对于设计过程中的优化和改进至关重要。例如，在设计汽车发动机的过程中，数值仿真可以帮助工程师预测发动机零件的应力和变形情况，从而优化零部件的设计和材料选择，提高整体性能和耐久性。

有限元分析（FEA）是一种基于有限元法的仿真技术，特别适用于解决结构力学和热力学问题。有限元分析通过将复杂的结构分解成小的有限元单元，通过数值计算方法模拟材料在加载条件下的行为。在机械设计制造中，有限元分析常用于预测零部件的应力分布、振动特性、疲劳寿命以及热传导效应等。通过精确的模拟和分析，有限元分析能够指导工程师进行结构优化，确保产品在设计阶段就具备足够的强度和稳定性。计算流体力学（CFD）是一种仿真技术，专门用于模拟流体在不同条件下的流动和传热行为。CFD 技术被广泛应用于优化液体或气体流体的流动路径、增强换热效率以及减少能量损失。例如，在设计风扇或涡轮机时，CFD 可以帮助工程师分析和优化气流的动态特性，以提高设备的效率和性能。

二、机械设计中的仿真应用

（一）结构仿真

结构仿真通过模拟和分析机械结构在各种工作条件下的行为，为工程师提供了预测和评估产品性能的有效工具。主要依赖于有限元分析等数值仿真方法，结构仿真能够深入分析和理解机械系统的强度、刚度、变形等关键性能指标，以确保产品在实际使用中的稳定运行和安全性。有限元分析（FEA）是结构仿真中最常用的技术之一。它将复杂的结构分解成小的有限元单元，并通过数学模型对每个单元进行力学分析。这种方法能够准确地模拟机械零部件在不同工作载荷下的应力分布、变形情况以及热传导效应。例如，在设计汽车车身时，工程师可以利用有限元分析确定车身在碰撞或扭曲等极端情况下的应力分布，以确保其在事故中具有足够的抗冲击能力和结构强度。

结构优化与轻量化设计是结构仿真的重要应用方向之一。通过有限元分析，工程师可以精确地识别出零部件中的应力集中区域和不必要的材料使用，从而针对性地优化设计，减少结构的重量和材料成本，同时提高整体性能和耐久性。例如，轻量化设计是关键的竞争优势，有限元分析可以帮助设计出既满足强度要求又尽可能轻量化的航空结构零部件，从而降低燃料消耗和运营成本。结构仿真还能够在产品设计的早期阶段发现潜在的设计问题，并优化解决方案，避免在实际制造中面临昂贵的修正和调整。通过模拟不同的设计方案，工程师可以比较各种参数设置对产品性能的影响，帮助制定最佳的设计方案并提前预测可能的挑战和风险。

（二）动力学仿真

动力学仿真专注于分析和优化机械系统在运动过程中的动力学性能，涉及系统的运动特性、振动响应以及力学行为。通过动力学仿真，工程师能够深入理解和评估机械系统在不同工况下的行为，从而为设计优化和性能改进提供科学依据和有效方法。动力学仿真的核心是建立准确的数学模型来描述机械系统的运动过程。例如，以汽车悬挂系统为例，工程师可以建立包括弹簧、减震器、悬臂等组成部分的复杂数学模型。这些模型考虑到各种力学因素，如质量、惯性、弹性和阻尼等，以全面模拟车辆在不同路况下的运动响应。动力学仿真可以帮助工程师评估悬挂系统在车辆运动中的关键性能指标，如车辆的横摆、纵摇和侧倾等运动。工程师可以调整悬挂系统的参数，如弹簧刚度、减震器阻尼等，以优化车辆的操控性能。例如，在高速行驶时，悬挂系统的优化可以提高车辆的稳定性和操控响应，使驾驶员更容易控制车辆，确保安全驾驶。动力学仿真还能帮助工程师识别和解决悬挂系统中的潜在问题。通过模拟不同路面条件下的振动响应，工程师可以发现可能导致乘坐不舒适或者结构疲劳的因素。这种预测性的分析有助于在设计阶段就优化系统，避免后期在实际制造和使用中的昂贵调整和修正。

（三）热力学仿真

热力学仿真涉及热传导、热扩散和温度控制等方面。通过热力学仿真，工程师能够精确分析和优化机械系统中的热管理，确保设备在正常运行条件下保持适当的温度范围，从而提高系统的稳定性和性能。热力学仿真常用于计算机中央处理器（CPU）散热设计中。CPU 在高负荷运行时会产生大量热量，如果不能有效散热，可能导致芯片过热，影响计算机的稳定性和寿命。通过建立包括 CPU 芯片、散热器和风扇等组件的数学模型，工程师可以模拟和分析系统中的热流动和热传导路径。热力学仿真能够准确预测不同散热设计方案对 CPU 温度分布的影响，帮助工程师优化散热系统的结构和工作参数，例如调整散热器的材料、形状和表面积，以及风扇的转速和风量，从而有效控制 CPU 温度，确保其在长时间高负荷运行中保持稳定性。

热力学仿真也广泛应用于其他机械系统中，如电子设备、发动机部件以及工业加热和冷却系统等。例如，热力学仿真可以用于评估发动机冷却系统的效率，分析冷却液在不同工况下的流动和温度分布，优化散热器和水泵的设计，确保发动机在各种驾驶条件下都能够有效冷却并保持良好的工作状态。热力学仿真还能够帮助工程师识别潜在的热问题并提前采取措施。通过分析系统中的热流动路径和热传导特性，工程师可以发现可能的热点区域和热量积聚，进而调整设计以增强散热效果或改善材料的热传导性能。这种预测性的分析有助于在产品设计阶段解决热问题，避免在实际制造和使用中出现昂贵的后期修复和调整。

第三节 仿真与优化在机械制造中的应用前景

一、仿真技术在机械制造中的应用前景

在现代机械设计制造中，有效结合技术要点和应用标准，能够确保机械结构设计、复杂机械加工、齿轮设计以及复杂数据计算等关键环节得到精确而可控的处理，从而显著提升机械设计制造的整体效能和竞争力。

机械结构设计阶段是仿真技术应用的关键节点之一。通过数值仿真技术，工程师能够建立准确的数学模型，分析和评估机械结构在各种工作条件下的强度、刚度、变形等性能。例如，在设计大型机械设备时，仿真可以帮助工程师优化结构布局、选择合适的材料，确保设备在使用过程中能够承受预期的载荷，并具备良好的耐久性和安全性。通过仿真预测可能的疲劳寿命和应力集中区域，可以及早发现潜在的设计缺陷并进行调整，避免后期的昂贵修复和生产延误。复杂机械加工环节也是仿真技术应用的重要领域。在传统的机械加工过程中，如铣削、车削、钻孔等，仿真技术可以模拟工件和刀具的交互作用，优化加工路径和刀具选择，最大限度地提高加工效率和精度。特别是在数控机床（CNC）加工中，仿真技术能够预测加工过程中可能出现的振动、变形及其对工件质量的影响，帮助优化切削参数和工艺流程，确保成品符合设计要求。

齿轮设计是另一个典型的应用领域。齿轮作为机械传动的核心组成部分，其设计涉及齿形优化、传动效率和噪声控制等多个方面。仿真技术可以模拟齿轮系统的运动学和动力学特性，评估齿轮的接触应力、弯曲疲劳寿命以及齿轮传动系统的整体性能。工程师可以调整齿轮的几何参数和材料选择，优化传动效率并减少噪声，提升产品的可靠性和耐久性。

随着大数据和人工智能技术的发展，复杂数据计算在机械设计制造中的应用日益重要。通过数据模型的建立和仿真分析，工程师能够从大量数据中提取关键信息，优化决策过程并改进生产效率。例如，在供应链管理和生产调度中，仿真技术可以帮助预测市场需求、优化物流路径和库存管理，确保生产资源的最优配置和利用。

（一）机械结构设计

通过结合技术要点和相关技术流程，将仿真技术应用于机械结构设计中，可以显著提升设计的精准度、效率和质量，从而确保机械产品在设计阶段就具备优良的性能和可靠性。机械结构设计中的仿真技术能够精准处理具体的设计单元。通过建立详尽的数学模型和应用适当的仿真软件，工程师可以对机械结构的各个关键部件进行模拟优化试验。这些试验能够准确模拟实际工作条件下的力学和运动特性，从而在设计阶段就发现并调试潜在的问题，优化部件的运行效率。仿真分析可以调整设计参数和材料选择，确保机械结构在正常工作条件下能够保持稳定和高效的运行状态，满足用户的使用需求和市场标准。

仿真技术在机械结构设计中的另一重要优势是保证不同零部件依据预先设计的轨迹精准运行。任何一个部件的运行偏差都可能导致整体性能下降或故障。通过仿真技术，工程师可以事先模拟和分析不同零部件之间的协调性和相互作用，确保它们在实际工作中能够无误地协同运行。这种精准的预测和调试过程，大大减少了设计的试错成本和时间，同时提高了机械结构的整体工作效率和可靠性。

仿真技术能够针对机械结构设计内容进行详尽的模拟试验，直观地展现出结构内部的运行情况和潜在的问题。工程师可以快速而准确地识别出设计中存在的不足或优化空间，提出有效的改进建议。这种直观的模拟结果不仅有助于优化设计参数，还能够提升结构设计的整体质量和工作效率。工程师可以基于仿真的反馈，进行多次优化和调整，确保最终设计方案能够在实际应用中表现出色。

（二）复杂机械加工

对于机械设计制造工作而言，仿真设计分析的合理性应用具有重要意义，只有建立精准的设计模型，才能保证后续机械结构处理效果和运转水平满足标准，因此，需要配置精细化加工作业。机械构件加工后建立必要检测机制，完成质量分析并达标后才能投入使用。基于此，将仿真技术应用在零部件加工和整理环节中，能建立较为精准的精细测试环节，及时发现机械内部零部件存在的问题，以便加工人员能及时配合计算机仿真技术检测结果落实针对性调试和更换工作。比如，磨削零部件设计制造环节中，配合计算机仿真技术能对图纸中的函数模型予以指令转换，以便于指导后续的模拟分析试验，从而最大程度上提高工作质量和应用效率。机械加工环节的流程和操作步骤较多，尤其是大型机械设备，利用仿真技术能打造更加流畅的衔接处理模式，确保实时性操作流程控制效果满足应用预期。机械设计制造过程能满足生产加工的需求，最大程度上提高产出价值，仿真技术的应用能优化机械设备加工过程的性能管理水平。比如，加工数控机床的过程中，仿真技术能提升运行便捷性，减少操作人员的工作量。将仿真技术汇入加工作业中，就能对不同环境进行模拟分析。再比如，切削加工工艺流程应用仿真技术，建立基于时间单位的数学模型，对不同时间节点以及环境状态下的性能质量予以对比就能获取最佳加工作业方案，确保后续工作都能顺利展开。

（三）制造车间规划设计

从初步设计到详细设计阶段，通过匹配仿真技术应用逻辑，可以有效保障试验和投产决策的预期达成，同时完成设备、刀具、夹具、托盘、物料处理系统等规划设计工作，为机械制造设计工作的顺利展开提供坚实保障。

初步设计阶段是确立整体规划和布局的关键阶段。在这个阶段，通过仿真技术可以模拟不同的工作场景和生产流程，评估不同布局方案对生产效率、作业人员安全和设备利用率的影响。例如，利用仿真技术可以优化车间的空间利用率，合理安排设备和工作区域的布局，确保生产线的流畅性和作业效率。同时，通过仿真模拟可以预测潜在的瓶颈和问题，及早调整设计方案，以确保车间规划设计符合实际生产需求和标准。

详细设计阶段则需要更加精细化的仿真分析和优化。仿真技术可以帮助工程师进行设备的详细性能模拟，包括设备的工作参数、负载能力、耐久性等方面的评估。通过仿真分析可以优化设备的配置和排布，确保设备的安全性、可靠性和使用寿命。例如，可以通过仿真分析确定最佳的刀具和夹具配置方案，以及优化物料处理系统的设计，提高物料的流动效率和加工精度。在匹配仿真技术的应用逻辑中，关键是整合并优化各个组成部分，确保其在试验和投产决策中能够相互配合，达到预期的效果。这种综合应用可以帮助工程团队在车间规划设计的每个阶段都做出明智的决策，从而最大化地提升机械制造设计工作的水平和整体效能。

（四）齿轮设计

齿轮设计在机械设计制造中的重要性不言而喻，它直接影响到机械设备的效能、使用寿命和运行效率。因此，提升对齿轮设计的重视程度，并融合仿真技术进行设计分析，是确保机械制造工作顺利进行的关键环节。通过借助仿真技术，可以有效评估和检测齿轮设计的尺寸、形状以及工艺加工需求，确保设计图纸的精确性和实用性。仿真技术在齿轮设计中的应用主要体现在模拟分析齿轮在不同工作环境下的实际运行情况。通过仿真模拟，可以建立齿轮的数学模型，模拟其在各种工作条件下的受力、变形和磨损情况。例如，在高负载或高速运行时，仿真可以准确预测齿轮的受力分布，帮助工程师优化齿轮的结构设计，确保其能够承受预期的工作条件并保持稳定运行。仿真技术还能帮助技术人员进行圆弧针齿运行轨迹的校对和优化。针对复杂的齿轮系统，特别是高精度要求的应用场景，仿真技术可以精确模拟齿轮齿面的接触和运动情况，确保每个齿轮齿面的运动轨迹符合设计要求。通过对运动轨迹的精细仿真分析，工程师可以识别出潜在的运动干涉或不均匀磨损问题，并及时采取措施进行调整和优化，从而提高齿轮的运行稳定性和寿命。

在齿轮设计的过程中，借助仿真软件进行齿轮转动接触点分析是一项关键的技术应用。通过深化研究和实施方案，可以建立起可控的管理模式，精确匹配具体的运行要求，充分发挥仿真技术在机械设计中的作用，从而提升齿轮的性能和应用水平，确保机械设计制造工作能够顺利进行，并维持良好的可控运行状态。在齿轮设计过程中，仿真技术的应用主要体现在多个方面。通过建模（图 3-1）工作，工程师可以利用仿真软件对齿轮进行参数化建模。这一过程不仅能够精确地模拟齿轮的几何形状和尺寸，还能够实时核查和分析齿轮插件的适配性以及齿轮库中不同类型齿轮的调用情况。这种实时性的核查和分析能够帮助工程师在设计阶段就发现潜在的设计问题或不匹配情况，从而及时进行调整和优化，确保设计方案的完整性和有效性。仿真软件在齿轮设计中的另一个重要应用是进行齿轮转动接触点的分析。工程师可以精确地预测和分析齿轮在运转过程中接触点的位置、运动轨迹以及受力情况。这对于评估齿轮的运动稳定性、减少磨损和噪声等方面具有重要意义。通过分析齿轮转动接触点，工程师可以优化齿轮的设计参数，例如齿轮齿面的形状和精度，以提升齿轮的传动效率和耐久性，同时降低能量损耗和机械运行时的振动噪声。

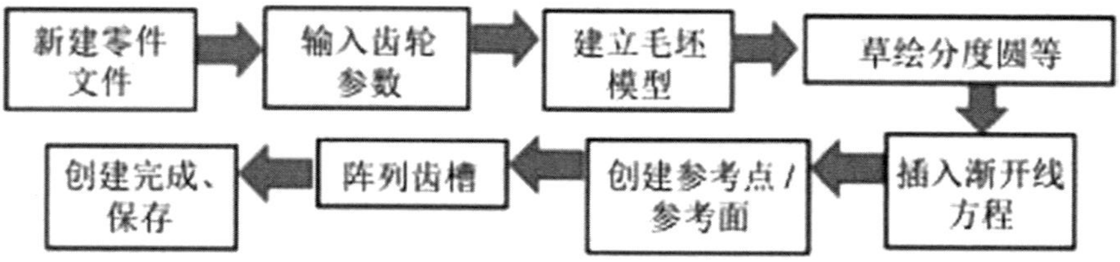

图 3-1　建模具体流程

（五）复杂数据计算

一方面，仿真技术的广泛应用确实能显著提升机械设计制造工作各个环节的效率和质量。通过配合相应的技术要求，建立完整的设计辅助模式，仿真技术不仅能有效分析设计框架中可能存在的问题，还能结合机械设计制造的具体环节和应用要求，进行数据计算分析的辅助工作，从而提升复杂数据评估分析的准确性和时效性，减少操作难度，为机械制造设计水平的优化提供重要支持。仿真技术的应用不仅仅是简单的工具使用，而是一种全面推动工作合理化运行的重要手段。通过计算机辅助处理模式，仿真技术能够承担复杂问题和复杂数据核对等工作，显著降低了计算难度，同时提高了设计和研发工作的效率。这种计算机技术的应用不仅仅是进行单纯的自动化处理，更是通过精确模拟和分析，为机械设计制造带来了更高的精准性和优化空间。当涉及新产品的设计研发时，仿真技术能够全程跟踪设计试验过程，并精确汇总和分析所产生的大量数据信息。通过这些数据的系统汇总和分类处理，工程师可以结合产品的性能指标进行校对评估。这种全面的数据驱动分析帮助设计团队了解产品在实际应用中是否能够满足预期的性能要求，及早发现和规避可能导致产品不达标的零部件或设计方案。通过仿真技术的应用，工程团队能够在产品设计阶段就做出更加准确和可靠的决策，从而显著降低后续开发阶段的风险和成本。仿真技术在设计过程中的另一个重要优势是能够模拟不同工作条件下的产品性能。例如，可以通过仿真来模拟产品在各种环境条件下的运行情况，如高温、低温、高湿度等。这种模拟分析能够帮助工程师优化产品的材料选择和结构设计，确保产品在不同使用环境下都能够稳定可靠地运行，提高产品的适应性和耐久性。

另一方面，仿真技术的应用还能显著减少研发过程中对材料资源的损耗，从而有效实现降本增效的目标。通过将仿真技术与动力学模型融合，可以建立完整的评估机制，针对结构强度参数、刚度参数、热态参数等特殊数据进行详细汇总和分析。这种综合分析不仅能够有效地评估设计方案的全面性能，还能确保所用材料的最佳利用和设计参数的优化，从而提高机械产品的整体质量和耐久性。在仿真技术与计算机技术的联动应用中，数据的归集评估变得更加高效和精确。通过集中分析计算数据点的关键内容，工程团队能够及时开展对潜在运行风险和安全隐患的排查工作。例如，在模拟过程中，可以实时监测和评估各种工作条件下的产品性能表现，识别可能存在的短板和优化空间。这种及时的数据反馈和分析能力，使得工程师能够在设计阶段就对潜在问题进行预测和调整，从而大幅降低后续生产中可能发生的不良影响和成本损失。仿真技术与计算机技术的协同应用还能支持统筹管理控制的最优化。通过实时数据的监控和处理，工程团队能够快速响应和调整设计方案，确保项目在规定的时间和预算内顺利推进。这种精细化的管理控制能力不仅提高了工作效率，还增强了整体项目管理的透明度和可控性，有助于实现更加精准和高效的生产运作。

二、优化技术在机械加工中的应用前景

（一）工艺参数优化

1. 切削参数优化

随着制造技术的进步和创新，工程师越来越依赖于精确的切削参数调整，以实现更高的生产效能和质量标准。切削参数优化的核心在于调节切削速度、进给速度和切削深度这三个关键因素。这些参数的优化不仅影响到加工效率和表面质量，还直接关系到刀具的寿命和成本控制。工程师需要综合考虑材料的硬度、切削性能、加工目标以及机械设备的特性，才能制定出最佳的切削策略。

切削速度是指刀具在单位时间内切削工件的线速度，通常用米/分钟或英尺/分钟来表示。优化切削速度可以显著影响加工效率和表面质量。对于不同的材料和加工工艺，选择合适的切削速度能够有效控制刀具的磨损和热量积累，从而延长刀具的使用寿命并提升加工精度。进给速度指的是刀具在单位时间内沿工件表面的移动速度，通常以每转进给量表示。优化进给速度可以实现更快的加工速度，同时保证加工质量和表面光洁度。过高或过低的进给速度都可能导致刀具磨损加剧或者加工表面粗糙度增加，因此需要根据具体情况调整进给速度，以达到最佳的加工效果。

切削深度是刀具在单次切削过程中进入工件的深度。合理控制切削深度不仅影响加工效率，还直接关系到刀具的稳定性和寿命。过大的切削深度可能导致刀具振动增加或者切削力过大，从而影响加工精度和刀具寿命。

因此，在优化切削参数时，必须根据工件材料和加工要求选择适当的切削深度，以平衡加工效率和刀具寿命。随着计算机辅助制造技术的普及和数值模拟技术的发展，切削参数的优化已经不再依赖于经验和试验，而是通过精确的数学模型和仿真分析来实现。例如，利用数值模拟软件可以对不同切削参数组合进行虚拟试验，预测加工过程中的切削力、温度分布和加工表面质量，从而为实际生产提供科学依据。未来，随着人工智能和机器学习技术的应用，切削参数优化将变得更加智能化和自适应。机器学习算法可以分析大量的加工数据和反馈信息，实时调整切削参数，以优化生产效率和质量控制。这种智能化的切削技术将为制造业带来更高的灵活性和竞争优势，推动整体生产力水平的提升。

2. 多目标优化

通过综合考虑加工时间、成本和质量等多个指标，并应用智能优化算法如遗传算法

和粒子群优化，可以找到最佳的工艺参数组合，从而实现优化的加工过程和资源利用效率。多目标优化的核心在于平衡不同的生产指标，如加工时间、成本和产品质量。在传统的单目标优化中，往往只关注单一指标的最优化，而忽视了其他指标可能存在的优化空间。而多目标优化算法能够同时考虑多个目标之间的相互影响和权衡关系，找到一组折中方案，使得各个指标达到一个可接受的最优水平。智能优化算法如遗传算法和粒子群优化等，适用于解决复杂的多目标优化问题。这些算法基于群体智能的原理，通过模拟自然界的进化过程或群体行为，寻找可能的最优解集合。在机械加工中，利用这些算法可以有效地搜索到一组工艺参数的最佳组合，以最大化加工效率、降低生产成本和保证产品质量。例如，遗传算法通过模拟自然选择、交叉和变异的过程，从种群中产生新的解，并逐步优化适应度函数，找到全局最优解或近似最优解。可以利用遗传算法来优化切削速度、进给速度、切削深度等参数，以使加工时间最短同时保证产品质量。粒子群优化算法则通过模拟鸟群觅食的过程，使得每个粒子（解）根据自身的局部最优和全局最优进行迭代调整，最终找到最优解。

多目标优化还可以应用于复杂的机械加工任务中，如高精度零件加工、多工序加工和定制化生产等。在这些场景下，不同工艺参数的优化组合可以极大地提升生产线的整体效率和灵活性。比如，在自动化生产线中，利用多目标优化可以调整机器人的动作速度、加工路径和夹具的使用，以最大限度地提高生产率同时确保产品质量。未来，随着人工智能和大数据技术的发展，多目标优化在机械加工中的应用前景将更加广阔和智能化。通过集成先进的数据分析和预测算法，可以实现实时调整和优化生产过程中的各种参数，以应对市场需求的快速变化和定制化生产的挑战。例如，结合实时生产数据和预测模型，可以动态调整加工参数，优化资源利用并降低能耗，从而实现更加可持续和环保的制造过程。

（二）加工路径优化

1. 数控编程优化

随着制造业的技术进步和市场需求的变化，数控编程优化的应用前景愈加广阔，其不仅在提高生产效率和降低成本方面有着重要的影响，还在推动制造业智能化、自动化发展的过程中发挥着关键作用。数控编程优化的核心在于通过计算机辅助设计（CAD）和计算机辅助制造（CAM）技术，精确规划和优化每一个工序的加工路径。传统的数控编程可能会面临路径不优化导致加工效率低下和刀具寿命短的问题。而现代的优化技术可以利用数学建模和智能算法，对加工路径进行全面优化，考虑到加工速度、刀具路径、材料性质等多个因素，以实现最佳的加工效果和资源利用率。数控编程优化可以显著减少运行时间，即在切削过程中刀具在空间不必要移动的时间。通过精确规划刀具的移动路径和加工顺序，可以最大程度地减少机床的非生产时间，提高生产线的利用率和效率。这不仅节省了能源和材料消耗，还降低了加工成本，使得企业在市场竞争中更具竞争力。

进一步地，数控编程优化还能显著降低刀具磨损率。通过优化加工路径，可以避免刀具在重复切削过程中的不必要磨损，延长刀具的使用寿命，减少更换频率和维护成本。这对于需要高频次切削和长时间运行的生产线尤为重要，有效保证了生产的稳定性和持续性。在应用前景方面，随着智能制造的发展，数控编程优化将更加普及和深入。未来，随着人工智能和大数据技术的进一步应用，数控编程优化可以通过实时数据分析和预测模型，实现动态调整和智能化优化。例如，结合实时生产数据和机器学习算法，可以实现自动化的加工参数调整，根据不同工件特性和市场需求进行个性化加工优化，提升生产线的灵活性和适应性。数控编程优化也在推动制造业的数字化转型和智能制造的路径上发挥关键作用。通过优化加工路径和实现精准控制，可以有效提高产品的一致性和质量稳定性，降低制造过程中的人为误差和浪费，为企业带来长期的竞争优势和可持续发展的能力。

2. 复杂曲面加工路径规划

复杂曲面加工路径规划在现代机械加工中是一项技术密集型的关键任务，它通过先进的算法和仿真技术，有效优化加工路径，确保加工精度和表面质量达到最佳状态。这项技术的发展不仅极大地提升了制造业的生产效率和产品质量，还推动了数字化制造和智能制造的进程，具有广泛的应用前景和深远的产业影响。复杂曲面加工路径规划涉及对曲面几何特征和加工工艺的深入理解和分析。传统的加工方法可能会面临路径不连续、加工效率低下、加工精度不稳定等问题。而利用先进的算法和仿真技术，如基于数学模型的曲面拟合算法、路径优化算法和虚拟加工仿真技术，可以精确计算复杂曲面的加工路径，避免过切或不足的情况，确保每一步的加工都能精准地贴合设计要求，从而提高加工的一致性和可靠性。复杂曲面加工路径规划的优化能够显著提升加工精度和表面质量。在传统的机械加工中，曲面加工往往需要多次调整和人为干预，而利用优化技术可以在加工前通过仿真预演，对每一步的加工路径进行精确规划和调整，从而最大限度地减少加工过程中的误差和缺陷，保证最终产品的质量达到设计要求，特别是对于高精度和高要求表面质量的产品，如汽车模具、航空零件等，具有重要的应用价值和市场需求。

复杂曲面加工路径规划的技术应用前景十分广泛。随着制造业向智能化和数字化转型，越来越多的企业开始采用先进的CAM软件和虚拟仿真平台，进行复杂曲面的加工路径规划和优化。这不仅提升了生产效率和产品质量，还降低了生产成本和人力资源投入，使得企业在全球竞争中更具竞争力。特别是在新能源汽车、航空航天、医疗设备等高端制造领域，复杂曲面加工路径规划的需求日益增加。这些行业对产品精度和表面质量的要求非常高，需要利用最新的技术手段和优化算法，确保每一个加工步骤都精准到位。例如，通过虚拟仿真技术可以预先识别潜在的加工难点和风险，及时调整加工策略，避免因曲面复杂度导致的加工失误和浪费，进而提高生产线的稳定性和持续性。

（三）加工质量监控与优化

1. 在线监测与反馈控制

在线监测与反馈控制在机械加工中是一项关键的技术应用，通过利用传感器和先进的数据分析技术，能够实时监测加工过程中的各项关键参数，如振动、温度、力等，以及时反馈到控制系统，调整加工参数，从而确保加工质量和效率的最优化。这一技术的应用不仅提升了生产线的智能化水平，还显著改善了制造业的生产管理和产品质量，具有广泛的应用前景和深远的技术影响。在线监测技术通过实时获取加工过程中的关键参数，如振动信号、温度变化、切削力等，可以及时发现加工过程中可能存在的问题和异常。例如，在切削加工中，如果发现刀具振动异常或者工件温度偏高，系统可以立即通过传感器采集的数据进行分析，迅速调整切削速度、进给速度或切削深度，以防止工件表面粗糙度增加或刀具磨损过快的情况发生，从而保证加工质量和工件精度。在线监测与反馈控制技术在提升生产效率和减少生产成本方面发挥了重要作用。通过实时监测和数据分析，生产管理人员可以全面掌握加工过程的状态和动态变化，及时调整生产计划和工艺参数，优化加工路径和工艺流程，以最大限度地提高生产线的运行效率和能力利用率。特别是在高端制造领域，如航空航天、汽车制造等，在线监测技术可以有效降低生产中的废品率和不良品率，显著提升生产线的整体效益和经济效益。

随着工业互联网和物联网技术的发展，在线监测与反馈控制技术的应用前景更加广阔。未来，随着传感器技术和数据处理能力的进一步提升，预计在线监测系统将变得更加智能化和自动化，能够实现对整个生产过程的实时监控和智能决策。例如，结合人工智能和大数据分析，可以实现对加工过程中复杂数据的实时处理和预测，提前识别潜在问题并采取预防性措施，进一步提升加工质量和生产效率。随着制造业向智能制造的转型，在线监测与反馈控制技术将成为推动工业 4.0 发展的关键技术之一。它不仅能够实现生产过程的数字化和智能化管理，还能够为企业提供更加灵活和响应快速变化的市场需求的生产能力。因此，预计在线监测与反馈控制技术将在未来的机械加工领域中发挥越来越重要的作用，为企业创造更大的竞争优势和经济效益。

2. 表面质量优化

通过表面粗糙度预测模型和优化算法，可以显著改善加工表面的光洁度、粗糙度和均匀性，从而提升产品的功能性、耐久性和市场竞争力。表面质量优化的关键在于精确预测和有效控制加工过程中的表面粗糙度。表面粗糙度直接影响产品的功能特性和外观质量，例如在汽车制造中，发动机缸体表面的粗糙度直接关系到汽缸密封性能和燃油经济性。通过建立精准的表面粗糙度预测模型，结合优化算法，可以在加工前预测不同加工参数对表面质量的影响，从而选择最佳的加工方案，避免不必要的试验和调整，节约时间和成本。优化算法在表面质量优化中的应用尤为关键。传统的加工参数调整通常依赖于经验和试错，效率低且难以达到理想的表面粗糙度要求。而优化算法，如遗传算法、粒子群优化算法等，能够通过数学模型和计算优化的手段，系统地搜索最优解，找到最佳的加工参数组合。例如，在零件表面磨削过程中，通过遗传算法优化磨削轮的转速、进给速度和磨削深度，可以显著降低表面粗糙度，提高磨削效率和加工精度。表面质量优化技术的应用前景涉及多个领域的机械加工，特别是高精度和高要求的行业。例如在航空航天领域，航空发动机涡轮叶片的表面质量直接关系到发动机的燃烧效率和工作寿命，通过表面粗糙度优化技术，可以确保叶片表面的平滑度和均匀性，提升发动机的整体性能。在医疗器械制造中，通过优化加工参数，可以改善手术器械的表面光洁度和耐腐蚀性，提高产品的安全性和使用寿命。

随着智能制造和工业 4.0 的发展，表面质量优化技术将越来越多地与人工智能、大数据分析等先进技术结合，实现加工过程的智能化和自动化。未来，预计这些技术将进一步提高表面质量优化的精度和效率，为企业带来更大的竞争优势和经济效益。表面质量优化技术的广泛应用将推动机械加工行业向精密化、高效化和智能化方向发展。通过精准预测和优化控制加工过程中的表面粗糙度，不仅可以满足越来越严格的产品质量要求，还能够提高生产效率和资源利用率，推动整个制造业的可持续发展。

第四章　机械传动系统设计与应用

第一节　机械传动系统的基本原理

一、动力传递的基本原理

机械传动系统的基本原理是利用动力源（如电动机、发动机等）产生的机械能，通过传动装置将这种能量传递到需要工作的机械装置上，从而实现机械设备的运转。

二、常见的机械传动方式

（一）齿轮传动

齿轮传动是最常见和广泛应用的一种机械传动方式，主要通过齿轮的啮合来传递动力。它具有传递效率高、精度高、承载能力大等优点，可以根据不同的齿轮组合实现不同的速比和扭矩传递。直齿轮传动（图 4-1）：直齿轮之间的啮合是最基本的形式，适用于传递小到中等功率和速度比的情况。斜齿轮传动（图 4-2）：斜齿轮的啮合角度不同于直齿轮，能够平稳传递较大扭矩和更高的速比，适用于需要精密传动和高功率的场合。蜗杆传动（图 4-3）：蜗杆和蜗轮的结合，适合于需要大扭矩传递和防逆转功能的场合，如提升装置和传动机构。

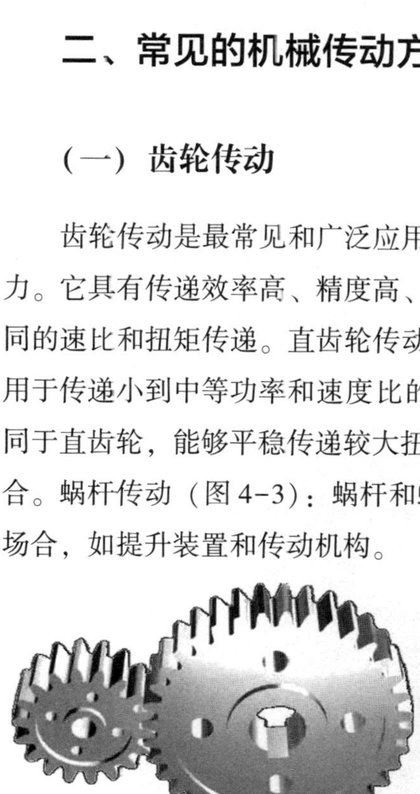

图 4-1　直齿轮传动

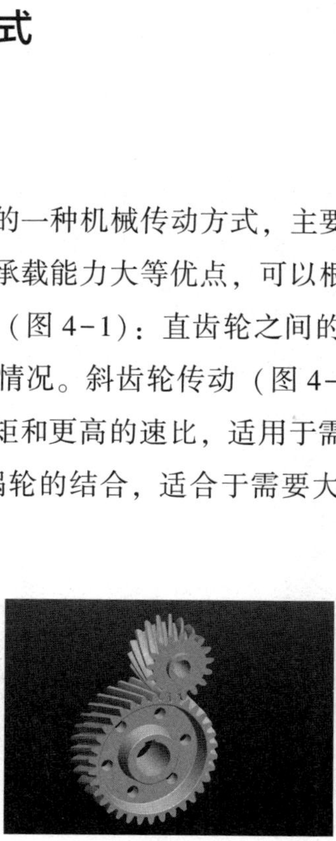

图 4-2　斜齿轮传动

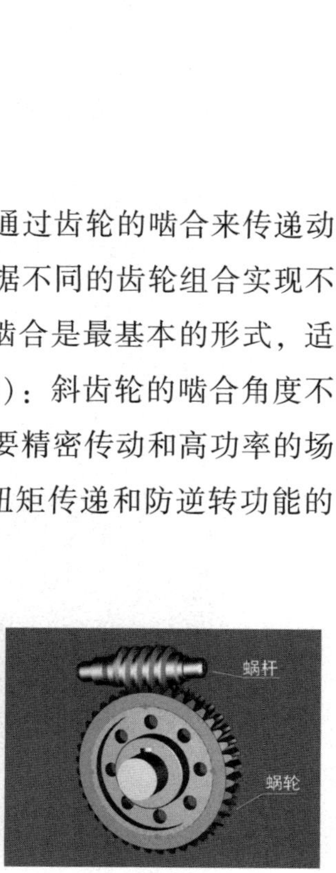

图 4-3　蜗杆传动

（二）带传动

带传动通过带轮和传动带来传递动力，适用于需要平稳传动和减震功能的场合。主要有皮带传动和链条传动两种形式，适用于中低速、中功率的传动需求，如风机、输送机等。皮带传动（图 4-4）：由橡胶或其他材料制成的传动带，通过摩擦力传递动力，适用于需要静音、减震和高速比传动的场合。链条传动（图 4-5）：通过链条和链轮的啮合来传递动力，适用于需要较高精度和高强度的传动需求，如自行车、摩托车等。

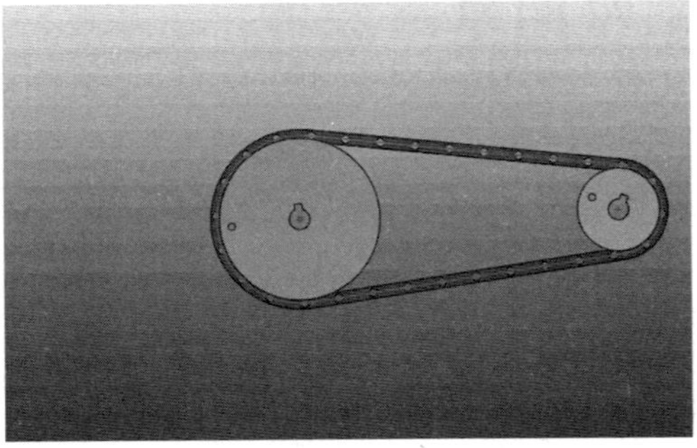

图 4-4 皮带传动

图 4-5 链条传动

（三）联轴器传动

联轴器用于连接两个轴，并传递转矩和旋转运动。它能够解决轴线不对中、轴线不同步等问题，保护传动系统和减少振动。弹性联轴器（图 4-6）：通过弹性元件（如橡胶、弹簧等）实现轴的连接，能够减少冲击和振动的传递。齿式联轴器（图 4-7）：通过齿轮或齿条的啮合来传递动力，适用于需要精密传动和高转速的场合。

图 4-6 弹性联轴器

图 4-7 齿式联轴器

（四）摩擦传动

摩擦传动依靠摩擦力来传递动力，通常用于需要调速和起动平稳的场合。主要有离合器和制动器两种形式，用于控制机械设备的运转和停止。离合器（图 4-8）：用于控制两个轴的连接和分离，使得机械设备能够实现起动、停止和转速调整。制动器（图 4-9）：用于控制机械设备的停止和减速，保证操作的安全性和稳定性。

图 4-8　离合器

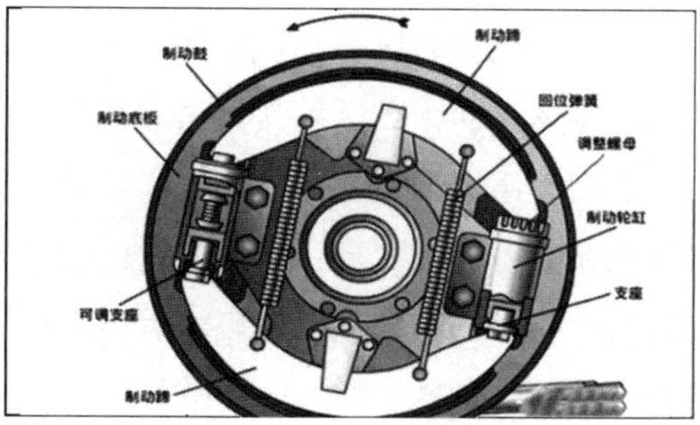

图 4-9　制动器

第二节　常见机械传动系统的设计与优化

一、常见机械传动系统的设计

（一）齿轮传动系统设计

1. 速比选择

速比选择的基本原理是根据动力源和工作要求的转速差异，通过齿轮传动系统来调节和转换输出转速，以满足机械设备的运行需求。齿轮传动系统由驱动轮（驱动轴）和从动轮（从动轴）组成，通过不同大小的齿轮组合实现不同的速比。例如，在机械设备中，如果动力源提供的转速较高，而工作要求的转速较低，则需要选择合适的齿轮组合来降低转速，以适应具体的工作负载。速比的选择影响着机械设备的功率传递效率和运行稳定性。在齿轮传动系统设计中，速比不仅涉及齿轮的模数、齿数和齿轮直径等几何参数，还涉及传动效率、噪声、振动以及齿轮系统的寿命和耐久性。通过科学的速比选择，可以最大程度地提高传动效率，减少能量损耗，延长齿轮系统的使用寿命，保证机械设备长时间稳定运行。齿轮传动系统设计中的速比选择需要综合考虑多个因素，包括但不限于机械设备的工作负载特性、运行环境条件、空间限制、成本效益等。例如，在工业生产线上，为了确保生产设备的精准操作和生产效率，需要选择适当的速比来匹配不同工作环节的转速需求，同时考虑到传动系统的整体性能和安全性。

2. 齿轮参数设计

齿轮参数设计包括模数、齿数、齿宽等，直接影响着传动系统的承载能力、传动效率以及使用寿命。齿轮的模数是指齿轮齿面上齿的尺寸基本参数，也是齿轮参数设计的核心之一。模数的选择直接影响到齿轮的强度和耐磨性。一般来说，较大的模数意味着更粗的齿轮齿面，可以承受更大的载荷，适合于大功率和高负荷传动系统；而较小的模数则适用于速度较高的传动系统，可以提高传动效率。在齿轮参数设计中，通过计算工作负载和动力传递需求，选择合适的模数可以有效平衡强度和效率的需求。齿数是指齿轮齿面上的齿的数量，直接影响着传动比和转速的调节。齿数的选择取决于需要达到的传动比和工作条件。较多的齿数可以增加传动的平稳性和精度，适用于要求高精度和低噪声的传动系统；而较少的齿数则可以减少齿轮的制造成本和空间占用，适用于空间有限或成本敏感的应用场景。

齿宽是指齿轮齿面上齿的宽度，也是齿轮传动系统设计中重要的参数。齿宽的大小直接影响到齿轮的传动能力和承载能力。合理的齿宽设计可以有效分担载荷，减少齿面压力，延长齿轮的使用寿命。在实际应用中，根据工作负载和齿轮受力情况，选择适当的齿宽可以确保传动系统的稳定性和安全性。除了上述基本参数外，齿轮参数设计还涉及齿轮的材料选择、精度要求、齿形设计等多个方面。例如，齿轮的材料选择应考虑到工作环境的温度、湿度、载荷类型等因素，以保证齿轮在各种工况下的稳定性和耐久性。精度要求则决定了齿轮加工的精确度和传动效率，直接关系到传动系统的性能和噪声水平。在现代工程实践中，随着计算机辅助设计（CAD）、计算机辅助制造（CAM）和虚拟仿真技术的广泛应用，齿轮参数设计变得更加精准和高效。通过数学建模、仿真分析和优化算法，工程师能够快速评估不同参数组合对传动系统性能的影响，优化设计方案并提高设计效率。这种综合利用先进技术的方法，不仅加快了产品开发周期，还大幅度降低了设计成本和试验成本，提升了齿轮传动系统设计的精度和可靠性。

3. 齿轮材料选择

不同的材料具有各自的特性和适用范围，根据传动功率、工作环境和成本等考虑因素进行合理选择，能够有效提升齿轮传动系统的性能和寿命。碳钢作为一种常见的齿轮材料，具有良好的强度和耐磨性，适用于中低功率的传动系统。碳钢齿轮经过适当的热处理和表面处理后，能够提供较高的表面硬度和耐磨性，同时具备较高的韧性，能够承受一定的冲击载荷。在成本和性能的平衡考量下，碳钢齿轮广泛应用于汽车、机床和工业设备等领域，满足一般传动需求。

合金钢是一种优质的齿轮材料选择，具有更高的强度和耐磨性，适用于高功率和重载条件下的传动系统。合金钢齿轮通常通过合金化强化处理，提升其抗疲劳性能和耐久性，能够在高速、高负荷和恶劣工作环境下保持稳定的传动性能。这种材料常见于重型机械、航空航天和船舶等领域，确保传动系统长期可靠运行。不锈钢作为一种耐腐蚀的特殊材料，适用于需要抗腐蚀性能的特殊工作环境。不锈钢齿轮具有良好的化学稳定性和耐蚀性，能够在潮湿、酸性或碱性环境中长期使用而不产生锈蚀，适合食品加工、医疗设备和海洋工程等领域的应用。尽管不锈钢的强度和硬度通常较碳钢和合金钢略低，但其优异的耐蚀性使其成为特定环境下不可或缺的选择。除了材料的基本性能外，还需要考虑齿轮的制造工艺、精度要求和成本效益等因素。例如，对于高精度传动系统，需要选择材料均匀性好、易于加工和热处理的材料；而对于大型传动系统，考虑到齿轮的重量和成本，可能会优先考虑使用碳钢或合金钢，并结合表面处理技术提升其耐磨性和工作寿命。

（二）带传动系统设计

带轮作为传动系统中的重要组成部分，其类型选择直接影响到传动功率传递的效率和可靠性。同时，传动带作为连接带轮的媒介，其材料选择和设计也决定了传动系统的运行寿命和适应性。带轮的选择需要根据传动功率、工作速度、轴间距和工作环境等多方面因素进行考虑。常见的带轮类型包括 V 带轮和多槽带轮两种。V 带轮主要适用于较大功率传动系统，其 V 形槽设计有利于提高带轮和带条之间的接触面积，从而增加传动效率和承载能力。V 带轮通常用于需要高效能传输和较大功率输出的工业机械和设备，如工厂生产线和重型机械。多槽带轮则适用于需要传动多条带条的系统，其设计能够均匀分布带条负荷，提升整体传动的平衡性和稳定性。多槽带轮广泛应用于需要平稳传动和多轴传动的场合，如印刷机械、风力发电机组等。

传动带的材料选择关系到传动系统的运行寿命、耐磨性和适应性。常见的传动带材料包括橡胶、聚氨酯和玻璃纤维等。橡胶传动带具有良好的弹性和耐磨性，适用于一般工业传动系统，能够承受一定的冲击和载荷。橡胶传动带广泛用于汽车发动机、农业机械和家用电器等领域，其成本效益高且易于维护。聚氨酯传动带具有优异的耐热性和耐磨性，适用于高速传动和高负载传动系统，能够在较高工作温度和恶劣环境下保持稳定性能。聚氨酯传动带常见于飞机发动机、工业设备和医疗器械等对传动系统要求高的领域。玻璃纤维传动带则具有高强度和低伸缩性，适用于长距离传动和需要高精度位置控制的系统。玻璃纤维传动带常用于激光切割机、数控机床和精密仪器等高精度设备的传动系统中，能够提供稳定运行和精准的传动控制。

二、常见机械传动系统的优化

（一）传动效率优化

1. 优化传动比和转速匹配

在设计和选择传动比时，需要考虑到设备的工作条件、负载要求以及所需的输出转速等因素，以确保传动系统在不同工况下都能保持高效运转，避免能量损失和设备过早磨损。合理选择传动比可以优化机械传动系统的工作效率。传动比指的是输入轴和输出轴的转速比或扭矩比，通过调整传动比，可以使传动系统在实际工作中以最佳转速运行，从而最大限度地利用能源并减少能量损失。例如，在需要高扭矩输出的情况下，选择较低的传动比可以提供所需的输出力，而在需要高速度输出时，则选择较高的传动比以达到所需的转速。

适当的转速匹配可以减少机械磨损和噪声产生。如果传动比选择不当，可能导致某些零部件过高或过低的转速，增加零件的磨损和能量损失，甚至引起振动和噪声问题。因此，在设计传动系统时，应综合考虑转速匹配，确保各个零部件的转速处于安全范围内，减少机械损耗。随着技术的进步和材料的改进，现代机械传动系统还可以通过采用变速器或调速装置来实现更精确的转速调节。这些装置可以根据实际工况动态调整传动比和转速，使系统能够在不同负载和工作条件下自动优化，进一步提高整体效率和能源利用率。

2. 减少传动元件的摩擦损失

在机械传动系统中，摩擦损失不仅会导致能量浪费和热量产生，还会加速零部件的磨损，影响设备的稳定性和可靠性。因此，通过使用高质量的润滑油或润滑脂，可以有效改善传动件的润滑状态，从而降低摩擦损失。选择合适的润滑油或润滑脂至关重要。高质量的润滑油具有良好的润滑性能和耐高温性，能在高负荷和高速度下保持稳定的润滑膜，减少金属间的直接接触。润滑油的选择应考虑工作环境的温度、压力和速度等因素，确保在各种工况下都能有效发挥其润滑作用。

定期检查和更换润滑油或润滑脂是保持良好润滑状态的重要步骤。随着使用时间的增加，润滑油会逐渐老化，其润滑性能和防护效果会下降，因此需要定期根据设备制造商的建议进行更换。定期更换润滑油不仅可以保持传动系统的良好运行状态，还可以延长设备的使用寿命，降低维护成本。注意传动系统的设计和安装也对减少摩擦损失有重要影响。合理的零件配合和装配技术可以减少摩擦力，降低传动部件的磨损。此外，定期检查传动部件对中、对平和轴承的润滑状态，及时发现和处理异常现象，也是保持传动系统高效运行的关键。

3. 提高传动组件的精度和配合

通过采用精密加工和装配技术，可以有效改善齿轮、轴承等传动部件的啮合精度，减少间隙和摩擦损失，从而提高传动效率。精密加工保证了传动部件的几何精度和表面质量。例如，对于齿轮来说，精密加工能够确保齿面的几何形状和尺寸的精确度，使其在啮合过程中能够更加精准地传递动力，减少能量损失。同时，精密加工还能提高齿轮的表面光洁度和硬度，降低摩擦系数，减少摩擦损失和磨损，从而有效延长齿轮和其他传动部件的使用寿命。

精密装配确保了传动组件的配合精度和运行稳定性。在传动系统的装配过程中，正确的配合是保证传动效率和传动精度的关键。通过精密装配技术，可以有效控制零部件之间的间隙，避免不必要的摩擦和能量损失。此外，精密装配还能够减少零件的运动不稳定性和振动，提升传动系统的工作平稳性和可靠性。采用先进的测量和调整技术也是提高传动组件精度的重要手段。通过精密测量技术，可以及时检测和调整传动部件的几何参数和配合间隙，确保在运行中保持最佳的传动效率和性能。定期的测量和调整工作可以帮助预防传动系统在使用过程中出现的问题，减少停机时间和维护成本。

（二）能耗降低优化

1. 选择低能耗材料和组件

通过选用具有良好机械性能和低能耗特性的材料，如高效率的齿轮材料和轻量化的传动带材料，可以显著降低传动系统的能源消耗，提高系统效率，并减少对资源的消耗。选择高效率的齿轮材料是优化传动系统的关键之一。传统的齿轮材料如钢铁虽然机械性能良好，但密度较大，摩擦损失相对较高，造成能量浪费较多。因此，现代工程领域越来越倾向于采用高效率的材料，如高强度塑料、复合材料或特殊合金，这些材料具有较低的密度和良好的耐磨性，能够有效减少摩擦损失。此外，某些新型材料还能抑制振动和噪声，进一步提升传动系统的工作稳定性和舒适性。

轻量化的传动带材料也能显著降低能源消耗。传统的传动带材料如橡胶和金属，虽然耐磨性和耐用性较好，但密度较高，导致传动系统的惯性负荷增加，影响动力传递效率。因此，采用轻量化的材料如高强度合成纤维、碳纤维等，可以有效减轻传动带的质量，降低惯性损失，提高能源利用率。这些材料还具有良好的耐热性和耐腐蚀性，适用于各种工业环境和恶劣条件下的长期使用。除了材料的选择，优化设计和制造工艺也是实现低能耗传动系统的重要因素。通过精确的制造工艺和优化的设计，可以最大限度地减少零部件之间的摩擦损失和能量损耗，提高传动效率和系统的整体性能。例如，采用先进的数值模拟和仿真技术，优化传动系统的结构和参数，可以在不影响功能和安全性的前提下，降低能耗并提升工作效率。

2. 优化传动系统的设计和布局

通过合理设计传动系统的结构和布局，可以有效减少能量传输过程中的损失，降低摩擦损失和机械损耗，从而提高整体能源利用效率，并延长设备的使用寿命。

设计合理的传动系统结构是优化的基础。传动系统的结构应根据具体应用需求和工作条件进行合理选择，包括传动方式（如齿轮传动、皮带传动等）、传动比、传动元件的类型和布置等。例如，在设计中可以考虑采用直接传动而不是多级传动，以减少能量在传输过程中的转换损失；同时，通过合理选择传动元件的类型和尺寸，可以降低传动系统的惯性负载和能耗。精心设计传动系统的布局是优化的关键之一。布局合理的传动系统能够最大限度地减少能量传输路径上的阻力和损耗。例如，通过优化传动元件的布置和安装位置，可以减少传动链条上的转向机构，简化传动路径，减少能量传输时的转换损失和振动，从而提高传动效率和稳定性。

减少转动部件数量也是优化传动系统设计的重要策略之一。过多的转动部件不仅增加了摩擦和能量损耗，还增加了维护和故障的可能性。因此，应尽量精简传动链条，避免不必要的转动部件，减少系统的复杂性和能耗，提高系统的可靠性和经济性。应用先进的数值模拟和仿真技术是优化传动系统设计和布局的有力工具。通过仿真分析可以评估不同设计方案在各种工作条件下的性能表现，优化传动系统的参数和结构，提前发现潜在的设计缺陷和问题，并通过调整和优化方案，实现最佳的传动效率和能源利用率。

3. 采用节能控制技术

电子控制技术在机械传动系统中的应用，可以实现对系统运行状态的实时监控和智能调节。现代电子控制系统通常配备有传感器和控制器，能够实时采集系统运行参数，如转速、负载、温度等，并根据预设的控制策略对传动系统进行调节。例如，当传动系统处于空载或低负载状态时，控制系统可以自动降低转速或进入待机模式，减少能耗；而在高负载或需要高效工作的情况下，则可以自动提高转速或调整传动比，以确保系统的高效运行。变频调速技术是实现传动系统节能控制的重要手段。变频调速技术通过改变电机的供电频率，调整电机的转速和输出功率，从而实现对传动系统的精确控制。与传统的固定转速传动相比，变频调速技术能够根据实际工况动态调整传动系统的运行状态，避免了传统传动系统在不同负载条件下由于转速不匹配而产生的能量浪费。例如，在需要频繁启停或负载变化较大的应用场合，变频调速技术可以显著提高系统的能效，减少能源消耗和机械损耗。

应用节能控制技术不仅能够减少能耗，还能延长设备的使用寿命。通过优化传动系统的工作状态和转速，可以减少零部件的磨损和疲劳，降低故障率和维护成本。例如，在工业生产中，许多传动系统需要长时间连续运行，通过采用变频调速技术和智能控制系统，可以在保证生产效率的同时，有效减少设备的运行时间和维护频率，提高经济效益。节能控制技术的应用还具有显著的环保效益。减少能源消耗不仅可以降低生产成本，还能减少温室气体排放和环境污染，符合现代工业可持续发展的要求。例如，在电力驱动的传动系统中，应用变频调速技术可以减少电力消耗，降低对电网的负荷，减少二氧化碳排放，为实现绿色制造和低碳经济做出贡献。

（三）设备寿命延长优化

1. 定期维护和保养

润滑是机械传动系统维护中至关重要的一环。通过定期检查和更换润滑油或润滑脂，可以确保传动部件始终处于良好的润滑状态，减少摩擦和磨损，从而延长零部件的使用寿命。不同的机械传动系统和工作环境对润滑剂的要求不同，应根据设备制造商的建议和具体使用条件选择合适的润滑剂类型和更换周期。此外，定期检测润滑剂的质量和污染情况，及时更换失效或污染的润滑剂，有助于保持传动系统的高效运行。清洁工作对于传动系统的维护同样重要。传动系统在运行过程中容易积累灰尘、污垢和油污，影响零部件的正常运转和散热效果。因此，定期清洁传动系统的外部和内部，特别是关键零部件如齿轮、轴承、传动带等，能够有效减少故障的发生。采用适当的清洁工具和方法，如压缩空气、软刷或专用清洁剂，可以彻底清除污垢，保持传动系统的清洁和运行稳定性。

紧固件检查和更换是维护计划中的重要内容。传动系统的长期运行和振动容易导致紧固件松动，影响设备的安全和稳定性。因此，定期检查传动系统的各类紧固件，如螺栓、螺母、销钉等，确保其紧固到位，避免松动引起的故障和损坏。对于出现磨损或损坏的紧固件，应及时更换，以确保传动系统的牢固和可靠。在制订科学的维护计划时，应根据设备的运行情况和环境条件，合理安排维护频率和内容。对于高负载、高频率运行的传动系统，应增加维护频率，确保其始终处于最佳状态。同时，记录每次维护和保养的详细情况，包括检查内容、发现的问题、采取的措施等，以便于后续维护工作的开展和问题的跟踪解决。

2. 选择耐磨和耐腐蚀材料

不锈钢是一种广泛应用于机械传动系统中的耐腐蚀材料。由于其含有铬、镍等元素，不锈钢在恶劣环境中表现出卓越的抗腐蚀能力。对于在潮湿、腐蚀性气体或液体环境下工作的传动系统，不锈钢材料能够有效防止锈蚀和腐蚀损坏，确保传动部件的长期稳定运行。此外，不锈钢还具有良好的机械强度和韧性，能够承受高负荷和冲击力，适用于各种复杂和苛刻的工况。

表面硬化材料在机械传动系统中的应用可以显著提高零部件的耐磨性能。表面硬化技术通过在零件表面形成一层高硬度的保护层，如渗碳、渗氮、激光淬火等工艺，增强零件的耐磨性和疲劳强度。齿轮、轴承和其他高磨损部位经过表面硬化处理后，可以大幅减少磨损，延长使用寿命，从而减少因磨损而导致的故障和维护工作。这种技术不仅提高了零件的使用寿命，还能够在一定程度上提升传动系统的工作效率和可靠性。

采用复合材料也是提升传动系统性能的有效途径之一。复合材料通常由两种或多种不同特性的材料组成，结合了各自的优点，具有优异的机械性能和耐腐蚀性。例如，碳纤维增强复合材料不仅重量轻、强度高，而且具有良好的耐磨性和耐腐蚀性，适用于传动带、轴等轻量化和高性能需求的传动部件。通过优化材料的选择和组合，可以在不增加系统重量的情况下，提高传动系统的性能和寿命。合理的材料选择还需要考虑传动系统的具体工作条件和环境。对于高温、高压、高速等特殊工况，应选择具有相应耐热、耐高压和耐高速性能的材料，以确保传动系统在极端条件下的稳定运行。例如，陶瓷材料具有极高的硬度和耐高温性能，适用于高温高速工况下的轴承和密封件，能够显著提高系统的可靠性和使用寿命。

第三节　机械传动系统在现代机械设备中的应用

一、工业机械设备

（一）机床

机械传动系统在现代机械设备中的应用十分广泛，尤其在机床领域，如车床、铣床、钻床等，通过齿轮传动实现主轴的转动，控制工件的加工速度和切削力，极大地提高了加工精度和效率。齿轮传动在车床中的应用是最为典型的。

在车床中，齿轮传动系统用于驱动主轴，使其旋转以加工工件。通过不同齿轮的组合，可以实现主轴不同的转速，从而适应不同工件和加工要求。现代车床多采用高精度齿轮传动系统，以确保主轴运行平稳，减少振动和噪声，提高加工精度。此外，齿轮传动系统还能够实现自动进给功能，进一步提高加工效率。在铣床中，齿轮传动系统同样发挥着关键作用。铣床通过主轴带动铣刀旋转，以切削加工工件的表面。通过齿轮传动，可以实现主轴的变速，从而控制铣刀的转速，以适应不同材料和加工要求。高精度的齿轮传动系统能够确保铣刀在高速旋转时的稳定性和精度，从而提高加工质量。同时，铣床的齿轮传动系统还可以实现多轴联动，进行复杂曲面的加工，大大扩展了铣床的应用范围。钻床作为另一类典型的机床，齿轮传动系统同样不可或缺。钻床通过齿轮传动系统驱动钻头旋转，以完成孔加工任务。通过调整齿轮传动比，可以改变钻头的转速，从而适应不同直径和材料的钻孔需求。现代钻床多采用精密齿轮传动系统，以确保钻孔位置的准确性和加工质量。此外，齿轮传动系统还可以实现自动进给功能，进一步提高钻孔效率。

在上述各类机床中，齿轮传动系统的应用不仅提高了加工效率和精度，还显著降低了操作人员的劳动强度。通过自动化控制和精密传动，现代机床能够实现复杂工件的高效加工，满足各类工业生产的需求。然而，齿轮传动系统在机床中的应用也面临一些挑战。例如，齿轮的磨损和疲劳问题，可能影响传动系统的长期稳定性和精度。因此，选择耐磨、耐腐蚀的优质材料，采用先进的制造和热处理工艺，定期进行维护保养，是保证齿轮传动系统可靠性和寿命的关键措施。随着技术的发展，电子控制技术和变频调速技术在机床齿轮传动系统中的应用也越来越广泛。通过电子控制系统，可以实现对齿轮传动系统的实时监控和精确控制，提高传动系统的动态响应和稳定性。变频调速技术则可以根据加工需求动态调整主轴转速，进一步提高加工效率和精度，减少能源消耗。

（二）风机和泵

带传动系统在风机和泵中的应用非常普遍。带传动系统由皮带和带轮组成，通过皮带的弹性和摩擦力来传递动力。由于其结构简单、成本低廉、安装和维护方便，带传动系统广泛应用于各种风机和泵中。通过调整带轮的直径比，可以实现风机和泵转速的调节，满足不同工况的需求。例如，在空调系统中，风机通过传动系统将电动机的动力传递到叶轮上，控制空气流动的速度和方向，从而调节室内温度和湿度。传动系统的弹性特性还能够吸收部分振动和冲击，降低设备运行时的噪声和磨损，提高系统的稳定性和使用寿命。齿轮传动系统在风机和泵中的应用具有重要意义。齿轮传动系统通过齿轮啮合来传递动力，具有传动效率高、可靠性强、精度高等优点。在一些需要高转速、高负荷的应用场合，如工业水泵站、大型通风系统等，齿轮传动系统能够提供稳定和高效的动力传递。例如，在水泵站中，齿轮传动系统可以将电动机的动力传递到水泵的叶轮上，控制水流的输送能力和压力。通过精确的齿轮传动比设计，可以实现水泵转速的精准控制，保证水泵在不同工作条件下的高效运行。风机通过齿轮传动系统实现对空气流量和风速的精确控制，从而调节室内环境的温度、湿度和空气质量。齿轮传动系统的高传动效率和稳定性，确保了空调系统的可靠运行和能效优化。

机械传动系统在风机和泵中的应用还涉及一些技术挑战和优化策略。例如，风机和泵在运行过程中，往往面临高温、高压、腐蚀性介质等恶劣环境，对传动系统的材料和润滑要求较高。同时，定期进行润滑维护和检查，保持传动系统的良好工作状态，是确保风机和泵长期稳定运行的重要措施。变频调速技术在风机和泵传动系统中的应用也越来越广泛。通过变频调速器，可以实现对电动机转速的实时调节，从而精确控制风机和泵的运行状态。变频调速技术不仅可以提高传动系统的效率和精度，还能够显著降低能耗，减少运行成本。例如，变频调速技术可以根据室内温度变化自动调整风机转速，优化能源使用，提高空调系统的能效比。

（三）输送设备

皮带输送机通过带传动系统实现物料的连续输送。传动系统由电动机、驱动滚筒、皮带及张紧装置等组成。电动机通过驱动滚筒带动皮带运行，皮带上的物料随之移动，实现物料的输送。皮带输送机具有结构简单、运行平稳、输送能力强、适应性广等优点。通过调整传动系统中的滚筒直径和电动机转速，可以控制皮带的运行速度和输送能力，满足不同物料和输送距离的需求。皮带输送机常用于长距离、大容量的物料运输，如矿石、煤炭、砂石等散状物料，以及各种成件物品的搬运。在现代生产线上，皮带输送机也广泛用于物料的连续搬运和生产线的自动化输送，提高了生产效率和自动化水平。链条输送机通过链条传动系统实现物料的输送。链条传动系统由电动机、链轮、链条及支撑装置等组成。电动机通过链轮带动链条运行，链条上的物料托板或挂钩随之移动。链条输送机具有结构坚固、承载能力大、输送距离长等优点，适用于输送重型物料和高温、高湿、腐蚀性等恶劣环境下的物料搬运。例如，在汽车制造业中，链条输送机用于车身和零部件的输送；在食品加工行业中，链条输送机用于高温蒸煮、清洗等工艺过程中的物料搬运。通过优化链条传动系统的设计和选用优质材料，可以提高链条输送机的耐磨性和耐腐蚀性。

传动系统和链条传动系统各有优缺点，应根据具体应用需求进行选择。对于需要长距离、大容量输送的场合，皮带输送机是较为理想的选择；而对于需要高承载能力、耐高温或特殊工况下输送的场合，链条输送机则更为适用。选用优质材料和先进工艺，是提高机械传动系统性能和可靠性的关键。对于皮带输送机，应选用耐磨、抗拉强度高的输送带材料，如聚酯、钢丝绳芯等，并定期检查和更换磨损的带子。对于链条输送机，应选用高强度、耐磨、耐腐蚀的链条和链轮材料，如合金钢、不锈钢等，并定期润滑和保养，保持链条传动系统的良好工作状态。现代输送设备中，变频调速技术和自动控制技术的应用，也极大地提高了输送系统的效率和智能化水平。变频调速器可以实现对皮带或链条运行速度的精确控制，满足不同物料和工况的输送需求。自动控制系统可以实时监控输送设备的运行状态，进行故障诊断和预警，优化输送过程，提高系统的可靠性和安全性。

二、汽车和交通运输设备

（一）汽车传动系统

齿轮传动系统在汽车传动系统中起着至关重要的作用。齿轮传动系统包括变速箱、差速器和最终传动机构。变速箱通过齿轮的啮合实现不同的传动比，从而在发动机固定输出转速下，提供多档位的输出速度和扭矩。手动变速箱通过齿轮组和同步器来实现不同档位切换，而自动变速箱则利用行星齿轮组和液压控制系统来实现无缝换档。现代汽车中广泛使用的自动变速箱，如 CVT（无级变速箱）、DCT（双离合变速箱），进一步提高了传动效率和换档平顺性。差速器是齿轮传动系统中的重要组成部分，它允许驱动轮在转弯时以不同的速度旋转，从而提高车辆的操控性和稳定性。差速器通过一组齿轮来分配动力，使得外侧车轮在转弯时能够转得更快，内侧车轮转得更慢，以实现平稳转弯。此外，现代汽车中还采用了限滑差速器和电子控制差速器，以进一步提升车辆在复杂路况下的牵引力和稳定性。液压传动系统在汽车传动系统中的应用主要体现在自动变速箱和液力变矩器上。液力变矩器位于发动机和变速箱之间，通过液压油的流动实现发动机动力的传递和调节。液力变矩器不仅可以平滑地传递动力，还能够提供扭矩放大功能，提高车辆的启动和加速性能。液压传动系统还包括液压离合器和液压制动系统，通过液压控制实现离合器的自动结合和分离，以及制动系统的高效工作。

传动轴和半轴是汽车传动系统中负责将动力从变速箱传递到车轮的关键部件。传动轴通常采用万向节或等速万向节，以确保动力在不同角度下的有效传递。半轴则通过与差速器和车轮的连接，将动力分配到左右车轮。现代汽车中，传动轴和半轴的设计和材料选择尤为重要，采用轻量化、高强度的材料，如铝合金、碳纤维等，不仅可以提高传动效率，还能够减少车辆重量，提升燃油经济性。现代汽车传动系统的发展趋势是向着更高效、更智能、更环保的方向发展。电子控制系统在传动系统中的应用，极大地提升了传动系统的性能和可靠性。例如，电子控制自动变速箱（ECT）通过电子控制单元（ECU）精确控制换档时机和变速器内部的液压系统，实现了更快、更平顺的换档。此外，混合动力和纯电动汽车的兴起，也推动了电动传动系统的发展。电动传动系统通过电动机直接驱动车轮，简化了传统的机械传动结构，提高了传动效率和动力响应。

（二）列车和地铁

齿轮传动系统在列车和地铁中的应用非常广泛。齿轮传动系统通过齿轮的啮合来传递动力，实现转速和扭矩的转换。电动机产生的动力通过减速齿轮箱传递给车轮，使得列车和地铁能够在不同速度下运行。减速齿轮箱通过一组精密的齿轮组，实现高效的动力传递和转速调节，以满足列车和地铁在起动、加速、巡航和制动等不同工况下的需求。高质量的齿轮材料和精密加工工艺确保了齿轮传动系统的高效性和耐久性。齿轮传动系统在列车和地铁中还涉及驱动轮和从动轮的配合。驱动轮通过齿轮传动系统将电动机的动力直接传递给轨道，使得列车和地铁能够产生足够的牵引力和加速度。在复杂的城市轨道交通系统中，地铁需要频繁地启停和变速，齿轮传动系统的高精度和高响应速度显得尤为重要。为了提高传动效率和减少磨损，现代列车和地铁齿轮传动系统通常采用先进的润滑技术和材料，如合成润滑油和高强度合金钢齿轮。

链条传动系统在列车和地铁中的应用也有其独特的优势。链条传动系统通过链条和链轮的啮合传递动力，具有传动效率高、结构紧凑、适应性强等特点。在一些特殊应用场合，如车库列车和城市轨道交通系统中的小型车组，链条传动系统被广泛采用。链条传动系统通过链轮的齿与链条的链节啮合，实现动力的高效传递和转速的调节。为了提高链条传动系统的耐用性和可靠性，通常采用高强度、耐磨损的链条材料和先进的制造工艺。链条传动系统的优势在于其能够在较小的空间内实现大功率的传递，且维护相对简单。在地铁系统中，链条传动系统常用于辅助动力传递和特殊工况下的动力传输，例如车厢之间的动力连接和辅助设备的驱动。现代链条传动系统还结合了电子控制技术，可以实现对链条张力和传动状态的实时监控和调节，进一步提高系统的稳定性和安全性。

随着科技的发展，列车和地铁的传动系统也在不断创新和优化。变频调速技术在列车和地铁传动系统中的应用，使得电动机可以根据实际需求实时调整转速，实现更加平稳、高效的动力传递。变频调速技术通过电子控制系统精确控制电动机的工作状态，优化列车和地铁的启动、加速和制动过程，提高能源利用效率，降低运营成本。

（三）飞机和船舶

飞机中的机械传动系统主要涉及涡轮传动和液压传动两大类。在喷气发动机和涡轮螺旋桨发动机中，涡轮传动系统通过高速旋转的涡轮将燃气动力转换为机械动力，再通过传动轴或齿轮箱传递给螺旋桨。涡轮传动系统的设计和优化直接影响了发动机的功率输出和螺旋桨的转速控制，从而影响了飞机的速度、推力和燃油效率。液压传动系统在飞机中主要用于辅助设备的控制，如起落架、襟翼、方向舵等。液压传动系统通过液压泵将液压油传输到液压缸或液压马达，实现起落架的收放、襟翼的调整和方向舵的偏转。液压传动系统具有响应速度快、传动效率高、可靠性强等优点，适用于飞机在高空和恶劣环境下的操作需求。船舶的机械传动系统同样具有复杂性和特殊性。主要包括柴油机或涡轮机向螺旋桨或水泵的动力传递，以及舵机、升降机和起重设备的控制系统。船舶的传动系统通常采用柴油机或涡轮机作为动力源，通过减速齿轮箱或涡轮传动箱将动力传递到螺旋桨或推进器上，实现船舶的前进和推进。

在柴油机传动系统中，减速齿轮箱通过齿轮的啮合将高速旋转的柴油机输出轴转速降低，并传递到螺旋桨轴上。减速齿轮箱的设计考虑到船舶的不同工作状态和速度要求，以确保动力输出的稳定性和效率。涡轮传动系统则利用涡轮的高速旋转来直接驱动螺旋桨或推进器，适用于需要高速和高功率输出的船舶。船舶的机械传动系统还涉及舵机和升降机的控制。舵机通过机械传动系统或液压传动系统实现舵的转向，控制船舶的航向。升降机系统通过电动机或液压系统控制船舶的起升和下降，适用于货物起重设备和船体的升降调整。随着技术的进步和航空航天工业的发展，飞机和船舶的机械传动系统也在不断创新和优化。例如，涡轮传动系统和液压传动系统的自动化控制和智能化监控，使得飞机和船舶的操作更加安全、高效和可靠。电子控制技术的应用，如飞行管理系统（FMS）和船舶自动导航系统（ECDIS），进一步提升了传动系统的精度和响应速度，优化了飞行和航行的过程。

三、农业和建筑设备

（一）农业机械

拖拉机作为农业机械的重要代表，其机械传动系统主要包括齿轮传动和液压传动两大类。在拖拉机的设计中，发动机通过齿轮传动系统将动力传递到传动轴，再通过传动轴传递到后桥，驱动车轮进行运动。齿轮传动系统的设计考虑到不同工况下的动力输出需求，确保拖拉机能够在不同地形和作业条件下稳定运行。齿轮传动系统在拖拉机中的应用不仅限于动力传递，还包括变速箱的设计和优化。拖拉机通常配备多档变速箱，通过齿轮组的组合和调节，实现不同速度和扭矩输出，以满足不同作业需求，如耕作、运输和道路行驶等。高质量的齿轮材料和精密加工工艺保证了变速箱的可靠性和耐久性，适应了长时间、高强度的作业环境。

液压传动系统在拖拉机上主要用于辅助设备的操作控制，如液压升降装置、液压方向盘和液压制动系统等。液压传动系统通过液压泵将液压油传送到液压缸或液压马达，实现辅助设备的精确控制和操作。例如，液压升降装置可以调节农机的工作高度和工作角度，方便不同作物的种植和施肥。收割机作为另一种重要的农业机械，其机械传动系统同样起着关键作用。收割机通过齿轮传动系统将发动机动力传递到切割装置和输送系统，实现庄稼的收割、处理和装运。齿轮传动系统在收割机中的设计考虑到刀头转速和切割效率的要求，确保收割作业的高效完成。在现代农业生产中，机械传动系统的应用不断创新和发展。随着科技进步和自动化技术的应用，农业机械传动系统越来越多地融入了智能化和自动化控制。例如，智能化拖拉机和收割机配备了先进的电子控制系统，可以实现作业路径规划、智能变速和自动化操作，提高了作业效率和精度，减少了能源消耗和作业成本。

（二）建筑设备

挖掘机作为建筑设备中的关键工具之一，其机械传动系统主要涉及齿轮传动和液压传动两大类。在挖掘机的设计中，发动机通过齿轮传动系统将动力传递到液压泵，液压泵再将高压液压油传送到液压缸或液压马达，驱动机械臂和斗杆进行土方和挖掘作业。齿轮传动系统的设计考虑到不同挖掘深度和力量需求，确保挖掘机在不同地形和条件下的稳定运行和高效作业。液压传动系统在挖掘机中发挥了关键作用，它具有传动效率高、反应速度快和工作稳定性强的优点。挖掘机的机械臂通过液压缸控制伸缩、旋转和倾斜，实现多方位的挖掘和施工操作。液压传动系统的智能化和自动化控制使得挖掘机能够适应复杂的工程要求，如建筑物基础开挖、路面修复和地下管道铺设等，提高了施工效率和施工质量。

起重机作为建筑设备中的重要装备，其机械传动系统同样至关重要。起重机通过齿轮传动系统将电动机或内燃机的动力传递到起重机械臂和卷扬机构，实现重物的提升、吊运和定位。齿轮传动系统的设计要求高精度和高承载能力，确保起重机在各种工程项目中安全、稳定地进行重物吊装和运输。液压传动系统在起重机中的应用主要体现在辅助设备的控制和操作，如平衡臂的调节、起重臂的伸缩和转动等。起重机的液压系统通过精确控制液压泵和液压缸，实现对重物的精确吊运和平衡，保证了起重作业的安全性和操作的精准性。现代建筑设备的发展不仅依赖于机械传动系统的技术创新和应用，还受到智能化和自动化技术的推动。例如，智能挖掘机和起重机配备了先进的电子控制系统和感应器，可以实现作业路径规划、自动化操作和远程监控，提升了设备的操作效率和安全性，减少了人为操作错误和事故风险。

第四节 机械传动系统的维护与故障排除技巧

一、机械传动系统的维护

（一）定期检查和清洁

1. 清除杂物

机械传动系统通常包括齿轮、带轮、链条等部件，在长时间的使用中，这些部件可能会积聚灰尘、油脂残渣和其他杂物，影响其正常运转和效率。因此，有效的清洁和维护措施至关重要。定期清除传动系统的灰尘和污垢有助于防止这些杂物积聚到影响传动系统正常运转的程度。在工业和商业应用中，传动系统通常处于高速运转和高负荷工作状态，灰尘和污垢的积累可能导致齿轮或链条的过早磨损和损坏。定期清除这些杂物，可以减少传动件之间的摩擦，维持其良好的润滑状态，延长零部件的使用寿命。齿轮、带轮和链轮的清洁工作尤为重要。这些部件通常是传动系统的核心，直接影响到传动效率和能量传输的质量。齿轮的齿面和啮合部位容易积聚油污和金属屑，这些杂物会干扰齿轮的正常啮合，导致噪声增加和传动效率降低。定期清洁齿轮表面和啮合部位，可以减少摩擦和磨损，保持齿轮的良好工作状态。

在清洁过程中，选择适当的清洁剂和工具也至关重要。对于不同材质和表面处理的传动件，应选择合适的清洁剂，避免使用腐蚀性强的化学品，以免损坏传动部件表面。使用软刷、棉布或气压工具可以有效清除难以到达的部位的灰尘和污垢，确保彻底清洁。清洁过程中要注意安全操作。传动系统通常位于机械设备的内部或复杂的机械结构中，清洁时需要切断电源或停止机械设备的运转，避免发生意外伤害。对于高温或高压清洗需求的传动系统，操作人员应穿戴好防护装备，确保安全作业。除了定期清洁，定期检查和维护也是保持传动系统良好运行的重要环节。检查传动系统的润滑状态、松紧度和异响等异常情况，及时调整和更换磨损严重的零部件，可以有效预防故障的发生，确保设备长期稳定运行。

2. 润滑油清洁

润滑油在机械设备中起到重要作用，它不仅减少了传动件之间的摩擦和磨损，还有效地冷却和密封传动系统，提高了整体的效率和可靠性。因此，保持润滑油的纯净和清洁至关重要，以防止润滑系统受到污染并保证其良好的润滑效果和长期稳定性。清洁润滑油或润滑脂的存储容器是维护润滑系统的第一步。存储容器通常是润滑油的“家园”，定期检查和清洁存储容器可以有效防止外界污染物进入润滑油中。存储容器经常暴露在环境中，可能会积聚灰尘、水分或其他杂质，这些杂质如果混入润滑油中，会降低其润滑性能和导致机械部件的磨损。因此，定期清洁存储容器表面和内部，确保其密封性和清洁度，是保障润滑油质量的重要措施。

润滑油输送管道负责将润滑油从存储容器输送到机械设备的润滑点，如果管道内部存在污垢或沉积物，会影响润滑油的流动性和输送效率。定期检查和清洗润滑油输送管道，特别是长期使用后可能积聚的油泥或金属屑，可以减少污染物对润滑油的影响，确保其在传动系统中的有效使用。在清洁润滑油或润滑脂存储容器和输送管道时，应采取适当的操作步骤和工具。使用专门设计的清洁剂和清洁工具进行清洁，避免使用对容器或管道材质有腐蚀性的化学品，以免损坏设备。定期更换存储容器的密封圈和输送管道的接头，确保密封性和安全性。操作人员应佩戴适当的防护装备，如手套和眼镜，确保安全操作。除了定期清洁外，保持润滑油或润滑脂的质量也是维护机械传动系统的关键。应定期检测润滑油的酸值、黏度和污染程度，及时更换老化或污染严重的润滑油，以保证润滑系统的良好工作状态。同时，根据厂商建议和使用环境调整润滑油的更换周期和类型，确保润滑油与机械设备的兼容性和最佳性能。

（二）润滑方法和频率

1. 定期润滑

机械传动系统通常包括齿轮、轴承、链条等关键部件，它们在工作过程中需要良好的润滑来减少摩擦、磨损和热量，从而保证设备的高效运行和稳定性。制订定期润滑计划需要考虑设备的工作环境，不同的工作环境可能对润滑油或润滑脂的选择和使用频率有所影响。例如，在高温或高湿度环境中工作的设备，可能需要更频繁地进行润滑，以确保润滑剂在恶劣条件下的稳定性和有效性。此外，对于在粉尘或化学品较多的工作环境中使用的设备，也需要更加频繁的润滑和清洁，以防止杂质进入润滑系统，影响其正常工作。根据设备的使用频率制订定期润滑计划也是关键。高频率使用的设备通常需要更短的润滑间隔，以确保传动部件始终保持良好的润滑状态。例如，工业生产中的连续运转设备可能需要每日或每周进行润滑，以保证生产效率和设备的稳定运行。相比之下，低频率使用的设备润滑间隔可以适当延长，但仍需定期检查润滑状态，确保在需要时进行及时补充和更换润滑剂。

在制订定期润滑计划时，需要注意润滑剂的选择和应用方法。根据设备制造商的建议和规定，选择适合设备的润滑油或润滑脂，确保其与设备材料和工作条件的兼容性。润滑剂的选择应考虑其黏度、温度范围、耐久性和防腐蚀性能等因素，以最大程度地满足设备的润滑需求。正确的润滑方法和操作技巧也是保证定期润滑效果的关键。在润滑过程中，应确保润滑剂均匀地涂布在传动部件的表面或润滑点，避免过量或不足的润滑，以免影响设备的运行效率和润滑油的使用寿命。对于难以到达的润滑点，可以使用适当的润滑工具或设备，确保润滑剂可以有效地到达每个关键部位。定期润滑不仅可以保持机械传动系统的正常运行，还能有效延长设备的使用寿命，降低维修成本和故障率。通过建立科学合理的润滑计划，结合定期的润滑检查和维护，可以最大程度地提高设备的可靠性和稳定性，确保生产过程的顺利进行，同时为企业节约维护成本和资源投入。

2. 润滑点检查

润滑油或润滑脂在机械设备中的作用不仅在于减少摩擦和磨损，还能有效冷却和密封传动部件，确保设备在各种工作条件下的稳定性和可靠性。因此，定期检查润滑点的润滑情况，确保润滑油或润滑脂供应充足，并及时处理漏油或堵塞情况，对于维护机械传动系统至关重要。定期检查润滑点的润滑情况需要制订详细的检查计划和流程。根据设备的使用频率和工作环境，确定定期检查润滑点的时间间隔，确保每个润滑点都能被定期检查和维护。对于高频使用的设备，通常建议每周或每月检查一次润滑点；对于低频使用的设备，可以适当延长检查间隔，但仍需定期进行检查以确保设备的正常运行。检查润滑点时需要关注润滑油或润滑脂的供应情况。确保润滑系统中润滑剂的供应充足，以满足传动部件在运行过程中的润滑需求。润滑油或润滑脂的不足会导致传动部件间的摩擦增加，从而加速磨损和损坏，严重时可能导致设备故障。因此，在检查润滑点时，及时补充润滑剂是维护设备良好运行的关键步骤之一。

检查润滑点时还需要注意是否存在润滑油或润滑脂的漏油情况。漏油不仅会导致润滑剂的浪费，还可能造成设备周围环境的污染，甚至增加维修和清洁的成本。因此，定期检查润滑点周围是否有润滑油或润滑脂的渗漏迹象，如发现漏油现象应及时排查原因，并进行修复和更换润滑密封件，以保持润滑系统的完整性和效率。检查润滑点时还需注意润滑油或润滑脂是否存在堵塞情况。堵塞可能由于灰尘、杂质或老化的润滑剂导致，会影响润滑剂的正常流动和润滑效果。因此，定期检查润滑点的通道和润滑口，清除可能存在的堵塞物，并确保润滑剂能够顺畅地到达传动部件的润滑表面，是维护机械传动系统的重要措施之一。建立润滑点检查记录和报告是有效管理维护工作的关键。记录每次润滑点检查的时间、润滑剂供应情况、漏油和堵塞情况等重要信息，有助于及时发现和解决问题，提高维护效率和设备可靠性。定期审查检查记录，并根据需要调整润滑计划和维护策略，以确保机械传动系统始终处于最佳工作状态。

二、机械传动系统的故障排除技巧

（一）检查传动部件的外观和连接状态

1. 齿轮、传动带、链条等部件

针对齿轮这一关键传动部件，检查齿面是否有严重的磨损是至关重要的。齿轮的齿面在长时间的运行中会因摩擦和磨损而逐渐磨损，特别是在高负荷或频繁启动停止的工作条件下更为明显。严重磨损的齿轮齿面可能表现为齿形不整、齿面光滑或疲劳断裂，这些都会导致传动效率降低甚至故障。定期检查齿轮齿面的磨损情况，及时更换磨损严重的齿轮，可以有效预防传动系统故障的发生。传动带和链条作为传动系统中常用的传动元件，也需要定期检查其状态以确保正常运行。对于传动带，检查其表面是否有明显的断裂、老化或裂纹是必要的。断裂的传动带会导致传动力的失效，严重时可能引起其他部件的损坏。定期检查传动带的张紧状态和表面磨损，及时更换老化或磨损严重的传动带，有助于保持传动系统的稳定性和可靠性。

对于链条传动系统，检查链条是否有拉伸、卡滞或损坏的情况同样重要。链条在长

期使用中可能会因为张力不足或受到外部环境因素的影响而导致拉伸，从而影响传动效率和稳定性。定期检查链条的张紧状态、链节的连接是否松动以及链板的磨损情况，是保证链条传动系统正常运行的关键步骤之一。发现链条拉伸或损坏严重时，应及时进行调整或更换，以避免由于链条断裂或卡滞而造成设备停机或其他损坏。除了定期检查传动部件的外观状态，还需要关注其安装和调整。确保传动带、链条或齿轮的正确安装位置和张紧力是防止故障的重要因素。不正确的安装位置或张紧力可能导致传动部件运行不平稳或提前磨损，从而影响整个传动系统的稳定性和效率。在安装或更换传动部件时，务必按照设备制造商的建议和规定进行操作，确保传动系统的正常运行。建立详细的传动部件维护记录和检查报告是有效管理维护工作的关键。记录每次检查的时间、发现的问题和采取的措施，有助于及时发现和解决潜在的故障隐患，提高传动系统的可靠性和稳定性。定期审查维护记录，并根据需要调整维护策略和计划，是保证机械传动系统长期稳定运行的重要措施之一。

2. 联轴器和轴承

定期检查和维护联轴器和轴承，特别关注其连接状态和运行情况，是预防和解决机械传动系统故障的重要步骤之一。以下是关于如何进行故障排除的技巧和建议，以确保联轴器和轴承的正常运行和延长其使用寿命。

对于联轴器这一关键的传动连接部件，检查其连接是否松动或损坏是至关重要的。联轴器连接松动可能会导致传动效率下降或传动间隙增加，进而影响整个传动系统的稳定性和可靠性。因此，定期检查联轴器的连接螺栓是否紧固，确保联轴器与传动轴的连接紧密可靠，是防止由于连接松动而导致的故障的关键步骤之一。关于轴承的检查和维护同样重要。轴承作为支撑和承载传动部件轴的关键组件，其正常运行直接影响设备的运转平稳性和寿命。定期检查轴承是否有异常声音、振动或摩擦感是发现轴承问题的重要指标。轴承异常声音可能表明轴承内部有异物或损伤，振动和摩擦感则可能是轴承润滑不足或内部损坏的信号。及时发现并处理这些问题，可以有效预防轴承过早失效，从而减少设备故障和维修成本。除了定期检查联轴器和轴承的外观和运行状况，还需要关注其润滑情况。良好的润滑可以减少摩擦和磨损，延长联轴器和轴承的使用寿命。定期检查润滑情况，确保润滑油或润滑脂的供应充足且质量良好，是保持联轴器和轴承运行稳定的重要措施之一。定期更换润滑剂并确保正确的润滑量和周期，可以有效降低联轴器和轴承的摩擦损失，提高传动系统的效率。对于轴承，定期检查其周围环境和密封件的状态也是重要的。保持轴承周围环境的清洁和密封性，可以有效防止外部杂质进入轴承内部，减少轴承损伤和故障的发生。及时更换老化或磨损严重的密封件，确保轴承处于良好的工作环境中，有助于延长轴承的使用寿命和稳定性。建立详细的联轴器和轴承维护记录和检查报告是有效管理维护工作的关键。

（二）检查传动系统的工作状态和性能

1. 异常噪声

正确识别和处理异常噪声，是预防和解决机械传动系统故障的关键步骤。对于齿轮传动系统而言，要注意检查传动过程中是否有异常的啮合声音或齿轮磨损的声音。齿轮传动系统的正常运行依赖于齿轮的良好啮合，如果出现啮合不良或齿轮磨损严重的情况，往往会伴随着尖锐或异响的声音。这些声音可能表明齿轮齿面已经磨损或受损，需要及时检查和更换受损的齿轮，以防止进一步的传动系统损坏和效率下降。传动带或链条传动系统中的松动可能导致噪声问题。传动带或链条在长时间使用后，可能由于松动或老化而产生嘎吱嘎吱的声音，尤其是在启动或变速时更为显著。定期检查传动带或链条的张紧状态，确保其正确的安装和张紧力，可以有效减少或消除这些异常噪声。必要时，可以根据设备制造商的建议和规定，及时更换老化或磨损严重的传动带或链条，以保持传动系统的稳定性和可靠性。

对于滚动轴承或滑动轴承的传动系统，异常噪声往往与轴承内部的问题密切相关。轴承在长时间运行后可能会因润滑不足、损伤或外部杂质进入而产生异常的摩擦声音或振动感。定期检查轴承的运行状态，包括听音法和手摸法，可以帮助发现轴承内部的异常问题。发现异常噪声时，应及时清洁轴承周围环境，确认润滑状态，必要时更换受损的轴承以确保传动系统的平稳运行。除了以上提到的具体传动部件，还需要综合考虑整个传动系统的运行环境和外部条件对噪声的影响。例如，机械传动系统的安装基础是否牢固、支撑结构是否稳定，以及传动系统周围是否存在共振或共鸣的问题等，这些都可能导致传动系统产生异常噪声。对于这些问题，可以通过调整安装位置、加强支撑结构或减少共振点的方法来减少噪声问题的发生和影响。在进行故障排除时，建立详细的记录和检查报告是有效管理维护工作的关键。

2. 振动

异常振动往往是指设备运行过程中产生的不正常振动或颤动，这可能是由于多种问题引起的。正确识别和处理传动系统中的异常振动，是预防和解决机械故障的关键步骤之一。传动系统的齿轮和轴承在运转时，如果存在不平衡的情况，往往会导致传动系统的振动和振动加剧。不平衡可能是由于传动部件安装不当、加工质量不良或长期使用后的磨损等原因引起的。定期检查和平衡齿轮、轴承等传动部件，可以有效减少不平衡带来的振动问题，提高传动系统的稳定性和可靠性。对于传动带或链条传动系统，不正确的对中也可能导致振动问题。由于对中不良或张紧力不均匀，可能会导致传动系统的振动加剧。检查传动带或链条对中状态，可以有效减少或消除这些异常振动。必要时，调整传动带或链条对中位置，以确保传动系统的平稳运行。

机械传动系统的安装基础和支撑结构也是影响振动问题的重要因素。传动系统安装在不稳定或容易振动的基础上，可能会增加振动问题的发生。强化传动系统的安装基础和支撑结构，例如增加减震垫、调整支撑位置或加强支撑结构，有助于减少外部振动对传动系统的影响，提高其运行稳定性。异常振动往往与轴承本身的问题密切相关。轴承在长时间运行后，可能由于润滑不足、损伤或外部杂质进入而产生异常的摩擦感和振动。及时清洁轴承周围环境，并根据需要更换受损的轴承，可以有效减轻传动系统的振动问题，保证其稳定运行。

3. 温度升高

温度升高通常与摩擦过大密切相关。齿轮、传动带或链条等传动部件在运行过程中，如果摩擦力过大或部件安装不当，会导致传动系统摩擦增加，从而产生显著的热量。这种情况下，传动部件的表面温度会明显升高，甚至可能导致部件损坏或热处理不均匀。因此要及时检查传动部件的运行状态，特别是摩擦表面的情况，当发现摩擦过大的问题时，应调整传动部件对中和安装位置，确保传动系统的正常运转。润滑不良也是导致传动部件温度升高的常见原因之一。润滑油或润滑脂的作用是减少摩擦和热量，保持传动部件的良好运行状态。如果润滑系统存在漏油、润滑油污染或润滑油类型选择不当等问题，会导致传动部件摩擦增加和润滑效果不佳，进而引起温度升高的现象。定期检查润滑系统润滑油或润滑脂的质量和供应情况，根据设备制造商的建议及时更换和补充润滑油，是预防和解决润滑不良引起温度升高的有效方法。

传动系统运行环境的温度和工作负荷也可能影响传动部件的温度升高。在高温环境下运行的传动系统，可能需要考虑使用耐高温材料和润滑油，以确保传动部件在极端条件下仍能保持稳定运行。对于高负荷运行的传动系统，合理设计传动比和加强对传动部件的检查和维护，可以有效降低温度升高的风险。除了以上提到的具体问题，还需要综合考虑整个传动系统的运行状态和外部条件对温度升高的影响。例如，传动系统的安装基础是否牢固、支撑结构是否稳定，以及是否存在外部环境因素对传动系统的影响等，这些都可能导致传动部件温度升高的问题。通过调整安装位置、加强支撑结构或改进传动系统的散热设计，可以有效降低温度升高对传动系统的影响，提高其运行的稳定性和可靠性。

第五章　现代机械设计中的智能化与自动化

第一节　智能化与自动化在机械设计中的意义

一、智能化在机械设计中的意义

（一）提高设计效率

计算机辅助设计（CAD）软件可以自动完成大量重复性任务，从而大幅提高工作效率。在传统的机械设计过程中，设计师需要手工绘制大量的设计图纸，进行烦琐的计算和反复修改。这些重复性工作不仅耗时费力，还容易出错。而CAD软件可以通过智能化的算法和强大的计算能力，快速生成高精度的设计图纸，并自动进行必要的计算和优化。例如，设计师可以使用CAD软件中的参数化设计功能，通过设定关键参数来自动生成不同的设计方案，快速对比和选择最优方案。这不仅减少了设计时间，还避免了人为错误的发生，提高了设计质量。智能化工具和软件在机械设计中的应用，不仅限于CAD软件。现代机械设计中，有限元分析（FEA）软件、计算流体力学（CFD）软件以及多体动力学（MBD）软件等先进工具也得到了广泛应用。通过这些工具，设计师可以在虚拟环境中模拟和分析机械系统的性能，预先发现潜在问题并进行优化。例如，有限元分析软件可以模拟机械结构在不同工况下的应力和变形情况，帮助设计师找到结构的薄弱点并进行加强设计。计算流体力学软件可以模拟流体在机械系统中的流动情况，优化流体通道的设计，提高系统的效率和性能。这些智能化工具不仅提高了设计的科学性和精确度，还缩短了产品开发周期，降低了研发成本。

智能化工具和软件在机械设计中的意义还体现在协同设计和数据共享方面。传统的机械设计往往是一个孤立的过程，不同设计师之间的信息交流和协作比较困难。而现代智能化设计工具通常具有强大的数据管理和共享功能，设计师可以通过网络平台实现实时的协同设计和数据共享。例如，云端CAD软件可以让不同地点的设计师在同一个设计项目中实时协作，进行同步修改和更新。这不仅提高了设计团队的工作效率，还增强了团队协作的灵活性和创新能力。此外，智能化工具还可以自动记录和管理设计过程中的所有数据和变更，方便设计师随时查阅和追溯，保证了设计工作的透明度和可追溯性。智能化工具和软件还在机械设计的创新和智能制造中发挥着重要作用。通过结合人工智能（AI）、大数据和物联网（IoT）技术，设计师可以实现更加智能化和自动化的设计流程。例如，AI 算法可以通过分析大量历史设计数据，自动生成优化的设计方案，甚至可以在一定程度上进行创意设计。大数据技术可以帮助设计师分析和挖掘设计过程中产生的海量数据，发现设计中的潜在规律和趋势，指导设计优化和创新。物联网技术则可以将设计和制造过程中的各种设备和传感器连接起来，实现设计与制造的无缝衔接和智能控制。这些智能化技术的应用，不仅提高了设计效率，还推动了机械设计的创新和发展。

（二）提升设计质量

在传统的机械设计中，设计师只能依靠经验和简单的公式来预测结构的性能，容易出现设计误差和潜在的安全隐患。而通过 FEA 工具，设计师可以在计算机上对机械结构进行详细的模拟和分析，预测其在各种工况下的应力分布、变形情况和疲劳寿命。这样，设计师可以在设计阶段就发现和解决结构中的薄弱环节，进行优化设计，避免实际生产中的故障和返工。例如，在汽车制造领域，FEA 工具被广泛用于车身结构的优化设计，通过模拟碰撞测试和受力分析，保证车身的安全性和耐久性。计算流体动力学（CFD）工具在机械设计中的应用同样具有重要意义。CFD 是一种利用计算机数值计算方法模拟流体流动的技术，可以精确预测流体在机械系统中的流动情况和传热特性。在传统设计中，流体力学问题的分析往往需要依靠物理实验，不仅成本高昂，而且周期较长。而通过 CFD 工具，设计师可以在计算机上进行虚拟实验，快速获得流体流动的详细信息。例如，CFD 工具被广泛用于飞机机翼和发动机的气动设计，通过模拟气流的流动情况，优化机翼的形状和发动机的结构，提高飞机的升力和燃油效率。此外，CFD 工具还广泛应用于汽车、船舶、风力发电等领域的流体力学分析，为机械系统的优化设计提供了强有力的支持。

智能化技术不仅在仿真分析方面提升了设计质量，还在智能检测和故障预防方面发挥了重要作用。通过结合传感器技术和物联网（IoT）技术，设计师可以实现对机械系统的实时监测和智能诊断。在实际运行过程中，传感器可以实时采集机械系统的运行数据，并通过物联网技术将数据传输到云端进行分析。智能诊断系统可以利用机器学习算法，对采集到的数据进行分析和预测，提前发现潜在的故障和异常情况，进行预防性维护和修复。这种智能化的检测和预防技术，不仅可以提高机械系统的可靠性和安全性，还可以延长其使用寿命，降低维护成本和停机时间。智能化技术在机械设计中的应用还促进了设计的标准化和模块化，提高了设计的一致性和可维护性。通过智能化工具，设计师可以建立标准化的设计模板和模块库，实现设计的快速复用和优化。例如，CAD 软件中的参数化设计功能可以帮助设计师建立标准化的设计参数，通过修改参数自动生成不同的设计方案，提高设计的一致性和效率。同时，智能化技术还可以帮助设计师进行设计的版本控制和变更管理，保证设计数据的一致性和可追溯性。

（三）支持创新设计

智能化技术中的数据分析工具为设计师提供了丰富的数据资源和分析能力。通过对历史设计数据的分析，设计师可以总结出成功的设计模式和优化策略，避免重复过去的错误。例如，大数据分析技术可以对以往的设计项目进行系统分析，找出影响设计成功与否的关键因素，从而指导新项目的设计。设计师可以利用这些数据资源，快速找到适合当前设计需求的最佳实践，缩短设计周期，提高设计效率。此外，通过对市场反馈数据的分析，设计师还可以了解用户的需求和偏好，针对市场需求进行定制化设计，提高产品的市场竞争力和用户满意度。人工智能（AI）技术在机械设计中的应用，为创新设计提供了前所未有的支持。AI 算法可以通过分析海量数据，甚至能够提出创意性的设计思路。例如，基于深度学习的生成对抗网络（GANs）技术，可以通过学习大量已有的设计样本，自动生成新的设计方案。这些方案不仅具有高度的创意性，还能够满足设计的基本要求。设计师可以通过 AI 工具，快速获得多种不同的设计方案，进行对比和选择，从而提高设计的创新性和多样性。此外，AI 还可以进行智能优化，通过迭代计算，达到最优效果。例如，在机械结构设计中，AI 可以通过拓扑优化算法，自动优化结构的形状和材料分布，使其在满足强度和刚度要求的同时，尽可能减轻重量，降低材料成本和制造难度。

智能化技术在支持创新设计方面，还表现在智能设计平台和协同设计工具的应用上。现代智能设计平台通常集成了多种设计工具和资源，设计师可以通过一个平台，完成从概念设计到详细设计的全过程。例如，云端设计平台可以提供强大的计算资源和数据存储能力，设计师可以在云端进行复杂的仿真分析和优化计算，而不受本地计算资源的限制。同时，云端平台还支持多用户协同设计，设计师可以在全球范围内进行实时协作，分享设计数据和成果，提高团队的创新能力和工作效率。此外，智能设计平台还可以集成虚拟现实（VR）和增强现实（AR）技术，为设计师提供沉浸式的设计体验。通过

VR/AR 技术，设计师可以在虚拟环境中直观地查看和评估设计方案，发现潜在的问题和改进方向，从而提高设计的直观性和创新性。智能化技术还通过支持制造过程的智能化和自动化，进一步推动了机械设计的创新与发展。例如，增材制造（3D 打印）技术作为智能制造的重要组成部分，为设计师提供了更加灵活和高效的制造手段。通过 3D 打印技术，设计师可以快速将设计方案转化为实物模型，进行功能测试和验证，从而缩短设计周期，降低开发成本。同时，3D 打印技术还支持复杂结构和个性化产品的制造，设计师可以自由发挥创造力，设计出传统制造工艺难以实现的创新产品。此外，智能制造系统还可以实现设计与制造的无缝衔接，通过物联网和工业互联网技术，设计数据可以直接传输到制造设备，进行自动化生产，减少人为干预。

二、自动化在机械设计中的意义

（一）优化设计流程

设计自动化工具能够显著提高设计效率。传统的机械设计过程通常包括多个阶段，如概念设计、详细设计、仿真分析、优化改进等，每个阶段都需要耗费大量时间和精力。设计自动化工具通过预定义的规则和算法，可以自动完成大量重复性和烦琐的设计任务。例如，参数化设计工具可以根据设定的参数和约束条件，自动生成多种设计方案，并进行快速对比和筛选。这种自动化处理不仅节省了设计师的时间，还减少了人为错误的发生，提高了设计的准确性和一致性。自动化技术在仿真分析和优化设计中发挥着重要作用。有限元分析（FEA）、计算流体动力学（CFD）等仿真工具，可以在设计阶段就对产品进行虚拟测试和性能分析，预测其在实际工况下的表现。通过自动化仿真分析，设计师可以快速获得设计方案的应力分布、变形情况、流体流动等关键数据，发现潜在问题并进行优化改进。例如，自动化优化工具可以利用多目标优化算法，根据仿真结果不断调整设计参数，最终得到最优设计方案。设计自动化工具还在产品个性化和定制化设计中具有重要意义。随着市场需求的多样化和个性化趋势，机械产品的设计需要更加灵活和快速响应。设计自动化工具可以根据客户的特定需求，自动生成定制化的设计方案，满足不同市场细分的需求。例如，设计自动化工具可以根据不同客户的需求，自动配置和设计个性化的汽车零部件，如车身结构、内饰布局等。这种个性化设计不仅提高了客户满意度，还增强了产品的市场竞争力。

智能制造系统的应用进一步增强自动化设计流程的效率和质量。通过物联网（IoT）和工业互联网技术，企业可以实现设计与制造的无缝连接，实时监控和优化生产过程。

例如，智能制造系统可以将设计数据直接传输到生产设备，进行自动化加工和装配，减少人为干预和操作失误。同时，智能制造系统还可以通过传感器和数据采集装置，实时监测生产设备的运行状态和产品质量，并将这些数据反馈到设计阶段，进行闭环优化和改进。这种智能化的设计与制造一体化流程，不仅提高了生产效率，还保证了产品质量和一致性。

（二）支持大规模定制

设计自动化技术能够大幅提升定制设计的效率和精度。传统的手工设计流程，面对多样化的客户需求时，往往需要耗费大量时间和人力资源。而设计自动化工具，如参数化设计，可以根据不同的输入参数，自动生成多种设计变体，满足个性化需求。参数化设计通过预定义的设计规则和算法，将复杂的设计任务分解为多个可控的子任务，并自动完成这些任务。例如，在机械零部件的设计中，设计师可以通过设置不同的尺寸、形状和功能参数，自动生成符合客户需求的零部件设计方案。自动化技术在大规模定制生产中的应用，使企业能够快速响应市场变化，缩短产品的交付周期。通过智能制造系统和自动化生产线，企业可以实现从设计到生产的无缝连接和快速转换。例如，客户通过在线定制平台提交个性化需求，系统可以自动生成相应的设计方案，并直接将设计数据传输到生产设备。这种快速响应和灵活生产的能力，使企业能够在最短时间内完成从设计到交付的全过程，显著缩短了产品的上市时间，增强了市场竞争力。

在大规模定制生产中，自动化技术还可以显著降低生产成本和资源消耗。通过自动化设计和生产工具，企业可以优化设计方案和生产工艺，减少材料浪费和能耗。例如，自动化仿真和优化工具可以在设计阶段进行虚拟测试和性能分析，发现并解决潜在的问题，优化产品结构和材料选择，从而降低制造成本和提高产品性能。智能制造系统通过实时监控和数据分析，优化生产过程中的资源配置和能耗管理，进一步降低生产成本和环境影响。这样的自动化生产模式，不仅提高了经济效益，还实现了绿色制造和可持续发展。通过智能设计工具和数据分析技术，企业可以深入了解客户需求和市场趋势，进行个性化和创新设计。例如，人工智能技术可以通过分析历史设计数据和市场反馈，识别客户的偏好和需求，自动生成创新的设计方案，满足市场的多样化需求。设计师可以利用这些自动化工具，快速迭代和优化设计，推出更多符合市场需求的创新产品，提升企业的市场竞争力和品牌形象。

智能化设计和生产系统的结合，使企业能够更好地进行协同设计和跨地域合作，提高了大规模定制生产的效率和质量。通过云端设计平台和协同设计软件，企业可以实现全球范围内的实时协作和数据共享。例如，不同地域的设计团队可以在同一个云端平台上同时进行设计和仿真分析，实时查看和修改设计方案，避免了传统设计流程中的信息孤岛和沟通障碍。这种高效的协同设计模式促进了创新和跨学科合作，增强了企业的竞争优势。企业可以为客户提供更加个性化和定制化的产品，满足客户的特殊需求和偏好。例如，客户可以通过在线定制平台，选择和定制产品的各种参数，如颜色、材质、功能等，系统可以实时生成相应的设计方案和效果图，提供直观的预览和选择。这种个性化和互动式的设计体验，不仅提高了客户的满意度和忠诚度，还增强了企业的品牌影响力和市场竞争力。

（三）增强协同工作能力

自动化的工作流管理系统可以大幅提升团队协作的效率。在传统的设计流程中，不同部门和团队之间的沟通和协调往往需要耗费大量时间和精力，信息的传递和反馈也可能存在滞后和误差。通过自动化的工作流管理系统，企业可以实现设计任务的自动分配和进度跟踪，确保各个环节的高效运转。例如，当设计师完成某个设计方案后，系统会自动通知相关工程师进行仿真分析和优化，并将分析结果及时反馈给设计师。这种自动化的工作流管理，不仅提高了团队协作的效率，还减少了人为错误和沟通障碍，确保了设计流程的顺畅进行。协同设计平台为不同部门和团队提供了统一的工作环境，促进了信息的实时共享和更新。在协同设计平台上，设计师、工程师、制造人员等可以在同一个平台上进行设计和修改，实时查看和编辑设计方案。例如，设计师可以在平台上上传设计文件，并邀请其他团队成员进行审阅和修改。工程师可以在平台上进行仿真分析，并将结果直接反馈给设计师，确保设计方案的准确性和可行性。制造人员可以根据最新的设计数据，进行生产准备和工艺调整，确保生产的顺利进行。这种统一的工作环境，不仅提高了信息的一致性和透明度，还增强了团队成员之间的协作和互动，促进了创新和高效的工作模式。

自动化技术还为跨地域和跨学科的团队协作提供了有力支持。现代机械设计往往需要多个学科和部门的协同合作，设计团队通常分布在不同的地域和时区。自动化技术在增强协同工作能力方面的意义还体现在提高设计数据的安全性和可追溯性上。通过自动化的版本控制和数据管理工具，企业可以对设计数据进行全面管理和保护，确保数据的一致性和安全性。例如，版本控制工具可以自动记录设计的每次修改和更新，方便设计师随时查阅和回溯。数据管理工具可以对设计数据进行加密和备份，防止数据丢失和泄露，确保数据的安全性和可靠性。这种自动化的数据管理和保护措施，不仅提高了设计数据的安全性，还增强了企业的管理效率和决策能力。

第二节　智能化与自动化在机械制造中的应用

一、智能化技术在现代机械制造中的应用

（一）智能化技术

智能化技术是一种利用现代科技手段来模拟和超越人类思维和劳动力的技术，它包含集成化、自动化和智能化等多种技术类别。智能化技术的应用范围非常广泛，从制造业到服务业，从家庭生活到国家安全，智能化技术无处不在，并且正在深刻改变我们的世界。智能化技术中的集成技术实现了对系统控制和信息技术的整合，推动了智能一体化的发展。集成技术通过将不同的子系统和组件有效地结合在一起，使得整个系统能够更加高效、稳定地运行。例如，在现代工业生产中，集成技术可以将生产线上的各个环节无缝衔接，从原材料的输入到成品的输出，整个过程都可以通过集成技术实现自动化控制。自动化技术是智能化技术的基础。自动化技术通过使用传感器、控制器和执行器等设备，使机器设备能够在没有人为干预的情况下自动完成特定的任务。自动化技术的应用不仅提高了生产效率，还减少了人为操作带来的误差和风险。例如，在汽车制造行业，自动化生产线可以在短时间内高效、精准地组装汽车各个部件，大幅度提升了生产速度和产品一致性。

智能化技术的核心是人工智能和神经网络技术。人工智能通过模拟人类的思维和决策过程，使机器能够像人类一样思考和判断。神经网络技术则通过模仿人类大脑的神经元结构，使机器能够学习和适应新的环境和任务。例如，智能机器人可以通过学习和积累经验，不断提高自己的工作效率和准确性。在医疗领域，智能化技术可以帮助医生进行疾病诊断和治疗方案制定，提高医疗服务的质量和效率。在机械行业中，智能化技术的应用尤为显著。机械设计和制造是机械行业的重要组成部分，通过应用智能化技术，可以实现机械设计和制造的全自动化，从而提升整体的工作效率。例如，计算机辅助设计（CAD）和计算机辅助制造（CAM）技术的结合，使得机械设计和制造过程更加高效、精准。通过智能化技术，机械产品的设计可以在虚拟环境中进行模拟和优化，减少了试验和调整的时间和成本。同时，智能化制造技术可以实现生产过程的实时监控和优

化。智能化技术的应用不仅限于工业领域，在日常生活中也有广泛应用。例如，智能家居系统可以通过集成各种智能设备，实现家庭环境的自动控制和管理，提高生活的便利性和舒适性。智能交通系统可以通过实时监控和调度交通流量，减少交通拥堵和事故，提高交通效率和安全性。

（二）智能化技术在现代机械制造中的应用现状

随着中国经济和科技的快速进步，中国机械制造产业在全球范围内占据着重要地位，智能制造已经成为其主要发展方向之一。智能化技术的广泛应用，尤其是自动化和信息化技术的结合，极大地提升了机械制造的生产效率和产品质量，对整个工业发展水平起到了重要的支撑作用。在现代机械制造中，信息技术的普及和应用已经无处不在。从设计阶段到生产制造和销售环节，信息化技术的广泛应用使得企业能够实现更加精细化的管理和高效率生产。例如，通过计算机辅助设计（CAD）和计算机辅助制造（CAM）技术，制造企业可以快速设计和优化产品结构，减少设计到生产的时间，提高产品的研发能力和市场响应速度。智能化技术的另一个显著优势是高度集成化的生产流程。机械设备可以模拟人类的思维和决策过程，具备分析判断能力和自主决策能力，从而在生产过程中实现更加精确和高效操作。例如，在自动化生产线上，智能机器人和自动化控制系统可以实时调整生产节奏和参数，保证产品质量的稳定性和生产效率的持续提升。

智能化技术在批量化生产和质量控制方面也发挥了重要作用。通过预设的程序和算法，智能化系统能够准确地控制生产过程中的各个环节，实现对产品精度和质量的精确控制。这不仅提升了产品的一致性和可靠性，还有效降低了生产成本和人力资源投入。尽管中国机械制造业在智能化技术应用方面取得了显著进展，但与一些发达国家相比，仍存在一定差距。制约智能化技术广泛应用的主要因素包括创新能力不足、技术标准化和产业化程度相对较低、人才培养不足等问题。特别是在高端智能装备的研发和生产能力方面，中国企业仍需加强技术创新和人才储备，以提升国内智能化技术在全球市场的竞争力。

（三）智能化技术在机械设计中的具体应用

1. 集成化应用

集成化应用指的是将各种技术和资源按照系统理论和信息技术要求进行有机组合，使得整个设计和制造过程的协同性和效率提高。集成化应用在机械设计中的核心在于技术整合。现代机械设计不再是简单的零部件拼装，而是通过CAD/CAM技术、工艺流程优化、ERP 系统等多种技术手段的有机结合，实现从设计到制造的无缝衔接。例如，CAD 软件可以实现三维设计和虚拟模拟，CAM 软件则能够根据设计自动生成加工路径和工艺流程，通过 ERP 系统实现生产调度和物流管理的优化，整合各个环节。

集成化应用要求企业能够统筹考虑全部生产经营活动。这意味着企业需要从整体出发，将设计、采购、生产、销售等各个环节无缝连接，形成闭环管理。例如，在智能化工厂中，通过物联网技术和大数据分析，企业可以实时监控设备运行状态和生产进度，及时调整生产计划和资源配置，实现生产过程的动态优化和智能化控制。集成化应用也为高质量的机械设计奠定了基础。通过集成化的技术应用，设计师可以更加精确地控制每一个设计细节，避免因信息传递不畅或误差累积而导致的设计缺陷和生产问题。例如，通过模拟仿真和虚拟测试，可以在实际制造之前发现和解决潜在的设计缺陷，确保产品的可靠性和耐久性。集成化应用为企业科学管理创造了良好条件。现代企业管理不再是简单的人工决策和经验积累，而是依托信息化和智能化技术进行数据驱动的决策和管理。例如，通过 ERP 系统集成企业内部各个部门的信息流、物流和财务流，实现全面的信息化管理和资源优化配置，提升企业整体竞争力和市场响应能力。

2. 柔性化应用

柔性化技术的核心是合理应用计算机技术，通过信息控制和模型建立实现对企业生产过程的精确监控和调节，从而达到便捷化、自动化的设计与制造目标。柔性化应用通过计算机技术实现了对机械设计过程的精细化管理。在现代机械制造领域，计算机辅助设计（CAD）和计算机辅助制造（CAM）技术已经成为不可或缺的工具。CAD 技术可以帮助设计师快速绘制和优化产品设计，提高设计精度和效率；CAM 技术则能够根据 CAD 设计数据生成加工路径和控制代码，实现机械零部件的高效生产。这种集成应用不仅简化了设计和制造流程，还提升了产品的开发速度和市场响应能力。

柔性化技术的另一重要特征是其高度的适应性和稳定性。在生产实践中，柔性化技术能够根据需求快速调整生产设备和生产流程，以应对市场变化和客户需求的多样化。例如，智能化制造系统可以根据订单需求自动调整生产线的设置，实现快速转型和定制化生产，极大地提高了生产灵活性和产品多样性。柔性化应用的信息化管理也是其重要组成部分。通过建立信息化系统，企业可以实现对生产过程的实时监测和数据分析，及时发现和解决潜在问题，提升产品质量和安全性。例如，企业可以实现设备运行状态的远程监控和故障预警，以及生产效率的优化调度，确保生产过程的稳定性和可控性。在技术故障方面，柔性化应用的设计和实施还考虑了系统的冗余和备份，以保证即使出现局部故障，也不会对整体生产过程造成严重影响。这种系统设计能够最大程度地保障生产线的连续性和稳定性，提高了企业应对突发情况的能力和反应速度。

3. 自动化检测

自动化检测在现代机械设计和制造领域的应用，标志着信息化技术在提升生产效率和产品质量方面的重要进步。随着计算机技术的广泛应用，自动化检测不仅节约了人力资源，还极大地简化了产品质量控制的流程，为企业带来了显著的经济效益和竞争优势。自动化检测通过虚拟技术实现了产品质量的自动评估和监控。产品质量检测通常依赖于人工操作和实物检查，这不仅费时费力，还存在主观判断和误差可能。而借助自动化检测，企业可以利用先进的虚拟技术建立数字模型和仿真环境，通过数据分析和算法处理，快速准确地评估产品的设计和制造质量。例如，通过 CAD 软件和虚拟仿真平台，可以对产品结构进行全面分析和优化，检测潜在的设计缺陷和工艺问题，确保产品在设计阶段就达到市场需求的质量标准。

自动化检测的优势在于能够显著降低产品的故障率。自动化检测系统能够实时监测设备运行状态和工艺参数，一旦发现异常情况或潜在故障，系统可以立即发出警报并进行自动化处理。这种预警和自动应对机制大大提高了生产线的稳定性和可靠性，减少了因故障而导致的生产停滞和损失。例如，智能化生产线上的传感器和监控设备能够实时监测设备的温度、压力、振动等参数，及时预警并进行远程干预，确保生产过程的连续性和效率。自动化检测还能够在产品出厂前进行全面的检验和测试，确保产品质量的一致性和可靠性。通过自动化测试设备和检测工具，可以对产品的各项性能指标进行全面评估，准确判断产品是否符合设计要求和标准，避免因人为疏忽或主观误判而导致的质量问题和投诉风险。

4. 生产资料的自动化供应

智能化技术的应用可以实现于生产资料的自动化供应，不仅简化了供应链管理，还优化了生产过程中的资源利用效率，同时有效控制了环境污染的风险。自动化生产资料供应通过智能化技术实现了传统供应方式的革新。在传统机械设计中，生产资料的供应通常依赖于人工的计划和调度，这不仅耗时耗力，还容易受到人为因素和误差的影响。通过引入智能化技术，企业可以建立自动化的供应系统，利用先进的计算机技术和网络技术，实现从供应商到生产线的无缝连接和信息传递。例如，通过物联网技术和传感器监控，可以实现原材料和零部件的自动化订购和补给，根据生产需求实时调整供应链，确保生产资料的及时性和准确性。自动化生产资料供应能够有效减少资源浪费和能源消耗。在智能化供应链管理系统的支持下，企业可以精确控制生产资料的采购和使用，避免因过量采购或存货积压而导致的资源浪费。同时，通过优化供应链的设计和管理，减少了物流运输中的能源消耗和二氧化碳排放，有效降低了企业的环境影响，符合可持续发展的要求。

自动化生产资料供应也推动了生产过程的智能化和数字化转型。企业可以实现生产资料需求的精准预测和自动化补给，基于大数据分析和人工智能算法优化供应链的运作，提高了供应效率和生产响应速度。例如，利用供应链管理软件和 ERP 系统，企业可以实时监测生产资料的库存和使用情况，根据市场需求和生产计划自动调整供应策略，确保生产线的连续性和稳定性。从技术角度来看，自动化生产资料供应依托于计算机技术、网络技术和材料制造技术的综合应用。通过建立智能化的供应链管理系统，实现了传输设备的自动化连接和系统软件的自动化组织，有效提升了供应效率和生产灵活性。这种技术的应用不仅带来了生产成本的降低和效率的提升，还为企业在竞争激烈的市场环境中保持领先地位提供了重要支持。

5. 虚拟化技术

虚拟化技术在现代机械设计和制造中的应用，是利用计算机仿真和虚拟环境来模拟机械设备的运行和产品设计过程，以提升产品性能、优化生产流程，并有效降低生产成本和时间。随着科技的快速发展，虚拟化技术已成为促进机械设计质量和效率提升的关键工具。虚拟化技术通过精确的仿真模拟，能够对机械产品设计的各个方面进行全面评估和优化。在现代机械设计中，产品的性能和结构的稳定性至关重要。通过虚拟化技术，设计师可以使用先进的仿真软件和工具，对产品的材料选择、结构布局、零部件配合等进行详细分析，预测产品在实际运行中可能遇到的问题，并及时调整设计方案。例如，在加工和切削设计零部件时，利用虚拟化技术可以模拟不同工艺参数下的加工效果，从而优化刀具路径和加工策略，提高加工精度和效率。

虚拟化技术在整个制造过程中的应用，能够有效地减少生产过程中的试错成本和资源浪费。通过在虚拟环境中进行仿真模拟，可以预测和识别可能存在的设计缺陷或生产瓶颈，及时调整生产计划和工艺流程，避免因设计不当或操作失误而导致的生产中断和不必要的成本增加。这种预测性维护和优化能力，使企业能够更加灵活地应对市场变化和客户需求，提升生产线的稳定性和可靠性。虚拟化技术的复杂性和综合性使其涵盖了多个学科领域，如图形学、人工智能和大数据技术等。在机械设计中应用虚拟化技术不仅要求设计师具备深厚的工程知识和技术背景，还需要掌握先进的计算机软件和工具。通过构建设备系统的虚拟运行模型，可以实现对设备性能和运行状态的实时监测和调整，提高生产过程的透明度和响应速度，从而最大化地提升生产效率和产品质量。

二、自动化技术在现代机械制造中的应用

（一）自动化技术在机械设计制造中的应用意义

1. 提升企业资源使用率

通过科学应用自动化技术，可以显著降低内部资源的浪费，避免不必要的经济损失，从而为企业创造最大化的经济价值和社会价值。过去的机械制造设备在原材料加工方面技术相对落后，难以与精细化机械设备方案相匹配，导致了大量的原材料浪费。然而，通过自动化技术的合理应用，可以有效解决这一问题。自动化技术具备精细化的算法和高效的加工能力，能够精确控制每一个加工步骤，最大限度地利用原材料，减少废料产生。例如，在自动化控制下，机械加工可以更精准地根据设计要求进行加工，避免不必要的过剩材料和废料，从而节约资源成本。

自动化技术的应用也体现了节能环保的理念。通过优化生产流程和提升能源利用效率，自动化系统可以减少能源消耗和碳排放，达到环保减排的目标。例如，智能化的生产线可以根据生产需求动态调整能源消耗，避免能源浪费，同时通过精确的数据分析和监控，及时发现和解决能源使用中的低效问题，进一步优化生产过程。自动化技术在整个机械制造过程中的广泛应用，不仅可以提高产品质量和制造精度，还可以延长产品的使用寿命。自动化系统能够实现生产过程的高度自动化和智能化控制，从而减少人为因素对产品质量的影响，确保每一件产品都符合高标准的设计要求。这种高端产品的制造不仅增强了企业的市场竞争力，还为客户提供了更可靠和持久的产品选择。

2. 提升机械制造业运转效率

近年来，随着我国社会市场经济的迅速发展，工业产业取得了显著进步，对机械制造行业提出了更为严格的要求和标准。为了满足日益增长的工业需求，机械制造企业需要积极提升运转效率。在这一背景下，科学应用自动化技术成为提升机械制造业运转效率的关键。自动化技术通过高效应用可以显著提升机械制造业的运转效率。这种技术不仅可以合理协调各个设备的实际运转时间，确保生产线的连续稳定运行，还能够通过数据分析和智能控制系统优化生产流程。例如，通过自动化控制系统，可以实现对生产设备的精准监控和调度，使得设备的运行更加高效和节约成本，从而提升整体生产效率和产量。

自动化技术在简化机械制造流程方面具有独特优势。传统的机械制造流程可能存在烦琐的手工操作和复杂的生产环节，而自动化技术的应用可以大幅简化这些流程，提高

生产的快捷性和效率。例如，自动化系统可以通过预设程序自动完成产品设计、加工和装配等环节，减少人为因素对生产进度的影响，实现从设计到成品的快速转化，缩短产品上市时间，增强市场竞争力。自动化技术的智能化特点还能够优化生产过程中的资源利用和能源消耗。通过精确的数据分析和实时监控，自动化系统可以及时发现并纠正生产过程中的潜在问题，避免资源浪费和能源损耗，提高生产的经济性和环保性。例如，智能化的能源管理系统可以根据实时需求调整能源使用模式，最大限度地节约能源成本，减少环境影响。

3. 降低机械制造安全风险

将自动化技术合理应用到机械制造的全过程中，可以显著降低安全风险，确保生产设备的可靠稳定运行。以往，通常依赖于专业技能过硬的工作人员对生产过程进行严格监督和管理。然而，由于人为因素和监管不到位等问题，容易导致生产环节出现问题，从而引发设备损坏和严重安全事故，威胁到现场人员的生命安全。通过引入自动化技术，可以有效地解决这些挑战。自动化系统可以根据预设的程序和指令，完全替代部分或全部人工操作，从而减少人为错误的可能性。例如，自动化系统可以实时监控生产设备的运行状态和生产过程，及时发现潜在问题并采取必要措施，以防止设备故障和安全事故的发生。这种方式不仅提高了生产过程的安全性，还大大减少了因人为操作而带来的生产线停工和成本损失。自动化技术还能够在整个生产过程中实现实时、全面的监控和数据记录。通过数据分析和智能控制系统，可以精确评估生产环节的风险，并采取预防性措施，进一步提升机械制造的安全系数和效率。例如，系统可以通过传感器和实时数据传输技术，监测设备的运行温度、压力和速度等参数，及时发现异常情况并自动停机或报警，防止潜在的安全风险进一步扩大。

（三）自动化技术在机械制造中的应用探究

1. 集成化应用

随着社会市场经济的迅速发展和技术进步的推动，各行各业对机械产品的需求不断增加，这促使机械加工制造技术不仅类型越来越多样化，而且加工技术也在不断创新和优化。然而，要想在竞争激烈的市场中保持竞争力，企业必须有效地管理和整合多个工艺技术，以提升生产效率和产品质量。集成化技术在机械加工制造中的应用，首先体现在统一化调度和管理方面。传统上，机械加工制造涉及诸多工艺技术和复杂的生产流程，各个工序之间的协调和管理往往是一个挑战。通过集成化技术，企业可以将各个生产环节整合为一个统一的系统，实现生产过程的自动化和优化调度。例如，通过智能制造系统，可以实现从订单接收、生产计划、物料采购、加工制造到产品交付的全过程管理和控制，确保生产的高效运转和资源的合理利用。集成化技术能够帮助企业实现动态化集成，即根据实时需求和市场变化调整生产流程和资源配置。随着市场需求的变化，传统的生产模式往往无法灵活调整和快速响应。集成化技术通过数据分析和智能决策支持系统，可以实时监测生产状况和市场动态，为企业决策提供数据支持。例如，基于大数据分析的预测模型可以帮助企业预测市场需求趋势，从而调整生产计划和资源配置，最大程度地提高生产效率和响应速度。

集成化技术还促进了工艺技术之间的高效协同和信息共享。在传统的生产环境中，各个工序和部门往往都是信息孤岛，信息流动不畅，导致信息传递的延迟和误解。企业可以建立统一的数据平台和协同工作环境，实现实时信息共享和协同决策。例如，设计部门可以直接将设计方案传输给生产部门，工程师可以在集成的平台上进行实时的仿真分析和优化建议，从而加快产品开发周期和提升产品质量。集成化技术的应用还有助于优化企业资源配置和管理。在现代制造业中，资源的有效利用是提高竞争力和降低成本的关键。企业可以实现全面的资源管理和优化配置，包括人力资源、物流资源、生产设备等，帮助企业精确掌握资源使用情况和生产效率，从而提高资源利用率，降低生产成本，提升企业的盈利能力和市场竞争力。

2. 虚拟化应用

随着工业技术的进步和市场需求的多样化，企业越来越需要有效的工具来优化生产流程和提升产品创新能力。虚拟化技术的引入，不仅能够在设计和生产阶段发现并解决潜在问题，还能够为机械制造的全面发展提供关键支持。虚拟化技术通过人工智能、计算机图形学和多媒体技术等多学科融合，实现了对机械制造过程的全面仿真和虚拟构建。在传统的机械制造中，试验和实际生产可能受到时间、成本和资源限制，而虚拟化技术则允许工程师在虚拟环境中模拟各种生产情景，从而提前发现潜在问题并进行优化。例如，利用虚拟仿真技术，工程师可以对产品设计进行全面分析，预测并优化制造过程中可能出现的瓶颈或错误，从而降低实际生产中的返工率和成本。虚拟化技术在提升机械制造的研发能力和创新水平方面具有重要意义。通过虚拟场景的构建和模拟实验，工程师可以快速验证不同设计方案的可行性和性能表现，加快新产品开发周期。例如，在新产品设计阶段，虚拟化技术可以帮助工程师进行多次优化和调整，优化产品设计参数，确保产品在实际生产中达到最佳性能和质量要求。这种高效的设计验证和优化过程，不仅节省了时间和资源，还提升了企业的市场竞争力和创新能力。

虚拟化技术的应用还能够帮助企业规避生产过程中的风险和问题。通过对生产环节的虚拟建模和仿真分析，工程师可以提前识别潜在的工艺问题或生产难点，采取针对性预防措施和改进方案，从而减少生产中的意外损失和延误。例如，虚拟化技术可以模拟复杂的加工过程，评估设备的稳定性和加工精度，优化工艺参数。虚拟化技术的推广应用将为整个机械制造行业带来全面的效益和进步。通过提高生产过程的透明度和可控性，虚拟化技术有助于优化资源配置和生产计划，提升整体生产效率和响应能力。同时，通过虚拟仿真技术对生产流程的优化和改进，可以实现对成本的有效控制和质量的持续改进，为企业在竞争激烈的市场中保持领先地位打下坚实基础。

3. 智能化技术的应用

在当前阶段，随着现代科学技术的迅猛发展，社会正逐步迈向信息化时代。这一大环境的背景使得传统的制造工艺技术和机械制造生产模式已经无法完全满足当今时代的发展需求。机械制造工艺技术因此迎来了全新的概念体系，旨在通过深度分析和判断，实现整个生产制造过程的自动化控制。为了进一步提升机械生产制造的效率，各相关企业正在积极引入智能化设备，并将其科学合理地应用于具体生产全过程，打造一个融合人机与智能系统的操作体系。智能化设备的引入使得生产制造环节能够实现高度自动化和智能化。传统的人工操作和监控往往面临效率低下和质量波动的挑战，而智能系统则能够通过先进的传感器技术和数据处理能力，实时监测和分析生产过程中的各项数据。例如，智能监控系统可以对机械设备的运转状态进行全面检查，并根据外界和内部的影响自动调节参数，保持设备处于最佳工作状态，从而提升生产效率和产品质量的稳定性。

人工智能在智能化技术中的应用为生产制造过程提供了全面而系统的分析能力。通过模拟专家智能活动，人工智能系统能够在生产过程中识别潜在的质量隐患和生产问题，并及时采取措施加以解决，从而实现对整个生产制造过程的自动化控制和优化管理。这种智能化的应用不仅提高了生产效率，还大幅减少了人为错误和生产成本，为企业创造了可持续发展的竞争优势。智能化系统具备信息交换和能力整合的特性，通过开放式的组织系统和模块化的信息管理方式，实现了生产模块间信息的高效共享和精确传递。这种科学整合和信息共享不仅提升了生产模块的整体质量和柔性，还为生产制造全过程的顺利开展提供了坚实的技术支持。

4. 柔性制造技术的应用

柔性制造技术作为一项自动化技术，以数据技术为基础，被广泛应用于现代机械制造生产过程中。它不仅能够提高机械制造的整体适应能力，还能科学设计多样化的机械产品类型。对于大多数机械企业而言，常见的挑战是生产的机械类型相对有限。然而，通过柔性制造技术的引入，企业可以在保证生产稳定和安全的前提下，灵活调整生产环节，实现更多类型机械的制造，从而显著提升市场竞争力，在竞争激烈的市场环境中保持优势地位。柔性制造技术的核心在于其能够根据市场需求和实际情况快速调整生产策略和产品类型。通过合理的技术应用，企业能够灵活应对市场变化，迅速满足不同客户的需求，这在当前竞争日益激烈的环境中尤为重要。柔性制造技术使企业能够根据市场反馈和需求变化，及时调整生产线和工艺流程。

柔性制造技术也促进了生产环节的科学化管理。通过精准的数据分析和先进的生产规划系统，企业能够有效地优化资源配置和生产调度，提升生产效率。这种科学化的管理方式不仅提高了生产过程的透明度和控制能力，还为企业未来的发展奠定了坚实的基础。机械企业应基于市场需求的具体变化，持续优化和调整自身的产品设计和生产策略。通过柔性制造技术的科学应用，企业能够更加灵活地配置生产资源，快速响应市场需求的变化，从而实现持续健康发展。这种灵活性和适应性不仅提升了企业在市场中的竞争力，还为其在未来长远发展中提供了可持续的竞争优势。

5. 数控技术的应用

数控技术在现代机械制造生产中的应用，是实现自动化、智能化管理的关键。由于机械制造生产过程的复杂性和烦琐性，相关企业迫切需要利用数控技术来提升生产的整体质量和效率。数控技术不仅可以有效优化和调整机床设备，还能够解决诸如切割精度低等问题，从而显著改善生产过程中的工艺精度和稳定性。数控技术通过精确的数字化控制，实现对机床设备的高效操作和管理。传统的机械加工中，操作依赖于工人的技能和经验，存在人为因素导致的误差。而数控技术则能够将复杂的加工任务分解为精细的数学模型，并通过计算机程序精确控制每一步操作，从而提高生产过程的精度和可靠性。

数控技术的应用使得机械企业能够在更高的维度上实现产品的机械化生产。通过数控设备，企业可以实现定制化生产，根据客户需求快速调整和变换生产方案，灵活应对市场需求的变化，从而提高生产效率和市场竞争力。这种灵活性和响应能力是传统生产方式无法比拟的优势，使得企业能够更加敏捷地适应市场动态。数控技术的普及和应用还需要机械企业加强对操作人员的技术培训和素质提升。操作人员需具备良好的数控设备操作技能和对生产过程全面理解，以便在生产中及时应对可能出现的技术问题和调整需求。因此，企业应建立完善的培训体系，定期组织操作人员参加专业的数控技术培训课程，提升他们的专业水平和综合素质，从而保证生产操作的高效和质量的稳定。

第三节　智能化与自动化对机械加工的影响和挑战

一、智能化与自动化对机械加工的影响

（一）提升生产效率和质量

自动化系统通过精确的数字控制和智能化操作，实现了生产过程的高度自动化。传统的机械加工过程依赖于人工操作，操作人员需要经过长期的培训和积累经验，但仍难以避免操作误差和疲劳带来的影响。而自动化设备则能够通过预设程序和精确控制，实现机械加工过程的准确执行，从而大幅度提高了加工精度和一致性，确保了产品质量的稳定。

智能化系统的运用使得生产流程更加连续和高效。自动化设备能够 24 小时不间断地运行，减少了设备的停机时间和生产线的空闲时间，有效提升了生产效率和利用率。通过智能化的生产规划和调度，企业能够更加灵活地应对市场需求的变化，快速调整生产计划和生产线布局，以实现最优的生产效益。智能化和自动化技术对于提升工作环境的安全性和员工的健康也有积极影响。自动化设备能够代替人工完成重复性、危险性较高的工作任务，减少了工人接触危险环境的机会，降低了工作风险和职业伤害的发生率。这不仅提升了工作环境的安全性，也增强了员工的工作满意度和生产积极性。智能化和自动化技术的应用还推动了生产方式向智能化、绿色化方向发展。通过节能减排和资源利用的优化，自动化系统能够降低生产过程中的能源消耗和废物排放，减少了对环境的负面影响。

（二）精度和一致性提升

自动化系统通过数字化控制和精密的传感器技术，能够实时监测和调整加工过程中的各项参数。传统的人工操作往往受限于人为因素，如视觉误差、操作技巧的差异等，容易导致加工精度的波动和不稳定性。而自动化系统则能够精确控制每一个加工步骤的执行，确保加工过程中的每一个细节都按照预定的标准和要求进行，从而提高了产品的加工精度和一致性。智能化技术的应用使得机械加工过程更加智能化和自适应。通过先进的算法和学习能力，智能化系统能够根据实时反馈和数据分析，自动调整加工参数和工艺流程，以适应不同的工件特性和加工要求。例如，对于复杂形状或细微尺寸要求严

格的工件，智能化系统可以通过自动化的方式优化加工路径和工艺参数，提升加工精度，确保产品质量的稳定性和可靠性。

自动化系统的实时监控和反馈机制，使得生产过程中的问题能够及时被发现和解决。传统的人工操作往往需要较长的调试和试验阶段，才能找出加工过程中的问题和缺陷，这不仅浪费时间，也增加了生产成本。而自动化系统通过数据采集和分析，能够在加工过程中实时检测产品的质量状况，及时调整工艺参数，预防和减少产品不合格的风险，从而提高了生产线的效率和生产能力。智能化和自动化技术的应用不仅提升了加工精度和一致性，还推动了生产方式向数字化和智能化方向发展。随着技术的进步和应用的普及，越来越多的企业意识到智能化生产对于提升竞争力和市场份额的重要性，因此在生产设备更新和技术改造上投入了更多的资源和精力。

（三）成本控制和资源优化

通过应用智能化和自动化技术优化生产流程，企业实现了生产过程的高效运转。传统的机械加工过程可能存在人为操作的烦琐和耗时，容易导致生产效率低下和资源浪费。而引入智能化设备和自动化系统后，生产流程得以自动化和数字化管理，大幅减少了人为操作的时间和成本。例如，智能化的生产线能够根据实时需求调整生产速度和工艺参数，最大化地利用设备的产能，减少了空转和待机时间，提升了生产效率。智能化和自动化技术可以有效降低废品率和能源消耗，进一步优化了资源利用效率。传统生产过程中，废品率高和能源浪费是常见的问题，不仅增加了生产成本，还对环境造成了不良影响。智能化系统通过精确控制和监测生产过程中的各项参数，可以减少因操作误差或设备故障导致的废品产生，提升产品质量稳定性。同时，智能化设备能够根据生产需求动态调整能源的使用，比如智能能源管理系统能够在高峰期间优化能源分配，降低能源成本。

智能化和自动化技术的应用使得企业能够更加精确地控制成本。通过实时数据的采集和分析，管理层可以深入了解生产过程中各个环节的消耗情况，以降低生产成本。例如，智能化系统能够根据市场需求和原材料价格波动，调整生产计划和采购策略，以避免库存积压和资金浪费，从而有效控制生产成本。智能化和自动化技术的应用不仅仅是在技术层面上的提升，更是在管理和战略层面上的创新。企业可以通过智能化系统实现生产、销售和供应链的无缝衔接，提升整体运营效率和反应速度，从而更加灵活地应对市场变化和竞争压力。

二、智能化与自动化对机械加工的挑战

（一）技术更新和投资需求

智能化和自动化技术的引入需要企业进行大规模的技术更新。传统的机械加工设备往往无法满足现代高效生产的需求，因此必须引入更先进、更精密的数控机床和自动化系统。这些设备不仅要求高度的技术水平来操作和维护，还需要企业拥有持续学习和创新的能力，以适应技术快速更新的挑战。设备的投资成本是企业智能化和自动化实施的重要考量因素。数控机床、机器人系统等先进设备通常价格昂贵，对企业的财务实力提出了较高要求。除了设备本身的购置成本外，还需考虑到设备运行和维护的成本，以及人员培训和技术支持的投入。这些都需要企业具备长期稳定的财务预算和资金支持。

智能化和自动化技术的实施对企业管理层面提出了新的挑战。传统的管理模式可能无法有效地应对智能化系统带来的数据管理和决策支持需求。企业需要建立完善的信息化管理系统，能够实时监控生产过程中的各项指标和数据，以便及时调整生产策略和优化资源配置。智能化和自动化技术的实施还面临着技术集成和系统兼容性的挑战。不同厂家生产的智能设备可能存在兼容性问题，需要企业在选择设备和技术方案时进行精心匹配和整合，确保各个系统能够顺畅运行并协同工作。智能化和自动化技术的实施需要企业管理层具备前瞻性的战略眼光和决策能力。企业需要从长远发展的角度来评估技术投资的回报率和效益，同时预见市场变化和技术发展趋势，以确保投资能够实现长期稳定的回报和竞争优势。

（二）技术集成和系统复杂性

智能化系统的设计和实施需要处理复杂的技术交互和系统集成问题。不同技术模块之间的互操作性及其与现有设备的兼容性是关键挑战之一。例如，传感器技术的应用需要与数据分析平台无缝衔接，以实现实时数据的采集、分析和反馈控制。这就要求企业在技术选择和系统设计时考虑到各个技术组件之间的互动和数据流动，确保整个系统能够协同工作。

智能化系统面临着技术更新和发展速度加快的挑战。随着科技的不断进步，新的传感器技术、数据分析算法和人工智能应用不断涌现，这要求企业在系统设计和实施过程中具备灵活性和前瞻性。系统的长期可持续性需要考虑到技术升级和替换的可能性，以保持系统在技术前沿的竞争力和效率。智能化系统的复杂性也反映在其对人才的需求上。

为了有效地设计、实施和维护智能化系统，企业需要拥有具备跨学科知识和技能的工程师和技术人员。这些人才不仅要熟悉机械加工技术，还需要掌握传感器技术、数据分析、人工智能等相关领域的知识，能够在不同技术之间进行有效沟通和整合。智能化系统的推广和应用也面临着市场接受度和成本效益的挑战。尽管智能化技术可以提升生产效率、降低成本并改善产品质量，但其初期投资和系统运行成本可能较高，这对中小型企业尤为具有挑战性。企业在考量技术投资时需要全面评估长期效益和回报周期，以确保投资的合理性和可持续性。

（三）人才需求和培训挑战

企业面临的主要挑战之一是培养和吸引具备相关技术知识的人才。智能化和自动化系统涉及多个领域的集成，如传感器技术、数据分析、人工智能等，需要工程师具备跨学科的知识和技能。这种综合性的要求使得招聘和培养符合条件的人才成为一项具有挑战性的任务。企业需要投入大量的时间和资源来培训现有员工，或者通过招聘来填补技术缺口，以确保智能化系统的顺利实施和运行。智能化和自动化技术的快速发展也要求人才具备持续学习和适应新技术的能力。新技术的迭代更新速度快，对工程师和操作人员的技术素养和适应能力提出了更高的要求。他们需要不断更新知识储备，学习新的技术和应用方法，以保持在行业竞争中的优势。

智能化和自动化系统的复杂性也增加了培训的难度。不同技术模块之间的互动和数据流动需要工程师具备深入理解和操作能力。他们不仅需要掌握具体的技术细节，还需要理解系统的整体架构和运行逻辑，能够在复杂的工作环境中进行有效的问题诊断和解决。在实施智能化和自动化技术时，企业还需面对培训成本和时间投入的考量。培训新员工或提升现有员工的技能水平都需要大量的投入，包括培训课程的设计和开发、员工培训的时间成本以及设备的实际操作训练。企业需要在长期投资和回报的平衡上进行综合考量，确保培训计划能够为企业带来持续的技术竞争优势和生产效率提升。

第六章　机械加工技术与工艺

第一节　机械加工技术的基本概念与分类

一、机械加工技术的基本概念

机械加工技术在制造业中占据着至关重要的位置，它涉及将原始材料通过精密加工、切削、成型等工艺转变为最终的零件或成品的过程。这种技术不仅需要高度精准的工艺控制和操作技能，还需要依靠先进的设备和工具，以确保生产出符合严格规格和质量要求的成品。机械加工技术的发展不仅推动了制造业的现代化进程，还为各行业提供了高效、可靠的生产解决方案，成为经济发展和技术进步的重要驱动力之一。

二、机械加工技术的分类

（一）车削加工

1. 车床加工

车床加工（图 6-1）是一种基础而常见的切削加工方法，主要通过车刀对旋转的工件进行切削加工。这种加工方式广泛应用于制造业中，特别是对于需要加工轴、盘、套和其他具有回转表面的工件而言，车床加工是一种高效和精确的解决方案。在车床加工中，工件被固定在车床上，并以旋转的方式进行加工。车刀则沿着工件的表面进行切削，切削过程中工件相对于刀具旋转，这样可以实现对工件表面的精确加工和修整。车床加工的切削能力主要由工件提供，因此工件的材料和几何形状对加工结果具有重要影响。车削加工的优势在于其简单直接，能够有效地处理各种不同形状和尺寸的工件。通过选择合适的车刀和刀具路径，可以实现不同形状的切削，包括外圆、内孔、棱角和螺纹等。这种灵活性使得车床加工在生产中应用广泛，涵盖了从小型零件到大型工业部件的各种需求。车床加工不仅能够达到高精度的加工要求，还可以提高生产效率。通过现代化的数控技术，车床加工能够实现自动化和精确控制，从而减少了人为操作的误差，提升了加工的一致性和质量稳定性。这种技术进步不仅缩短了加工周期，还降低了生产成本，为制造业的发展和竞争力提供了重要支持。

图 6-1　车床加工

2. 车削

车削是一种广泛应用于制造业中的切削加工方法，特别适用于加工具有回转表面的工件。无论是内外圆柱面、内外圆锥面、端面、沟槽、螺纹还是回转成形面等，几乎所有具有回转表面的工件都可以通过车削方法来加工。这种方法通过使用车刀来实现，车刀在工件旋转时沿其表面进行切削，以达到精确加工的目的。

在车削过程中，工件固定在车床上，并通过主轴旋转。车刀则沿着工件的表面形成所需的几何形状和尺寸。车刀的选择根据工件的具体要求，可以实现不同形状和精度的加工，从粗加工到精加工都能应对。除了基本的回转表面加工外，车削还可以进行其他附加操作。例如，可以使用钻头进行孔加工，铰刀进行内螺纹或外螺纹的切削，丝锥进行攻丝操作，以及滚花刀进行滚花加工。这些附加操作使得车削不仅局限于表面的加工，还可以处理工件的各种其他功能需求。车削的优势在于其操作简便、高效率和广泛适用性。通过现代数控技术的应用，车削能够实现自动化控制，提高加工精度和稳定性，减少人为操作的误差和生产周期。这使得车削成为制造业中常用的核心加工方法之一，无论是小型零件还是大型工业部件都可以依靠车削来完成复杂的加工需求。

（二）铣削加工

铣削加工（图 6-2）是一种常见且重要的金属冷加工方法，通过使用铣刀在固定的工件上进行切削，以形成所需的形状和特征。在传统的铣削过程中，工件通常固定在铣床上，而铣刀则由主轴驱动高速旋转，通过移动铣刀相对于工件的位置和方向来实现切削。这种方式使得铣削能够处理复杂的外形和特征，不仅仅限于简单的轮廓和槽加工。铣削加工的关键在于铣刀的选择和切削参数的调节，这取决于工件的材料、形状复杂度和所需的加工精度。铣刀的种类繁多，包括平面铣刀、立铣刀、球头铣刀等，每种铣刀适用于不同类型的加工任务，如平面铣刀用于表面平整加工，球头铣刀用于圆形或曲线表面的加工等。

随着数控技术的发展，数控铣床已经广泛应用于现代制造业中。数控铣床通过预先编程的控制系统，能够精确控制铣刀的运动轨迹和切削参数，实现复杂外形和高精度的加工要求。这种高度自动化的加工方式不仅提高了生产效率，还大大减少了人为操作误差，确保了加工质量和稳定性。铣削加工的应用范围非常广泛，涵盖了从小型零部件到大型工业构件的各种加工需求。在航空航天、汽车制造、机械设备、电子产品等领域，铣削都是不可或缺的关键加工技术。它不仅能够加工金属材料，还可以处理塑料、复合材料等非金属材料，因此在各种材料的加工中都有重要应用。铣削加工的发展趋势主要集中在提高加工效率、降低成本、提升加工精度和表面质量。随着刀具材料和涂层技术的进步，铣削加工的切削速度和寿命得到显著提高，同时数控系统的智能化和柔性化使得铣削能够更好地适应多样化和定制化的生产需求。

图 6-2　铣削加工

（三）刨削加工

刨削加工（图 6-3）是一种常见的切削加工方法，通过刨刀对工件进行水平相对直线往复运动的切削。在刨削过程中，工件进行往复直线运动作为切削的主要运动，而刀具则进行直线间歇的进给运动。这种加工方式主要用于加工各种平面，包括水平面、垂直面和斜面，同时也广泛应用于加工直槽，如直角槽、燕尾槽和 T 形槽等。刨削加工的基本原理是利用刨刀的切削刃沿工件表面的运动，逐渐削除工件表面上的金属材料，从而形成所需的平面或槽。与铣削不同的是，刨削加工中刀具的运动是相对静止的工件进行往复运动，这种运动方式使得刨削适用于对大型工件或需要较大切削力的加工任务。除了加工平面和槽外，刨削还可以通过适当调整刀具和工件的安装方式，应用于加工齿条、齿轮、花键和母线为直线的成形面等特殊形状的加工需求。这种灵活性使得刨削在各种工业领域中得到广泛应用，特别是在需要高精度、表面质量要求高的加工任务中，刨削能够提供稳定且可控的加工效果。刨削加工的优点之一是能够在较短的时间内完成大面积的金属材料去除，特别是对于大型工件的表面处理效果显著。此外，刨削加工过程中刀具相对稳定，因此可以实现较高的加工精度和表面质量，这对于要求工件平整度和表面光洁度高的场合尤为重要。现代刨削加工不再局限于传统手动操作，而是广泛应用数控刨床和自动化设备。数控刨削系统通过预先编程的控制，可以精确控制刨刀的运动轨迹和加工参数，实现复杂形状的高精度加工，同时提高生产效率和稳定性。

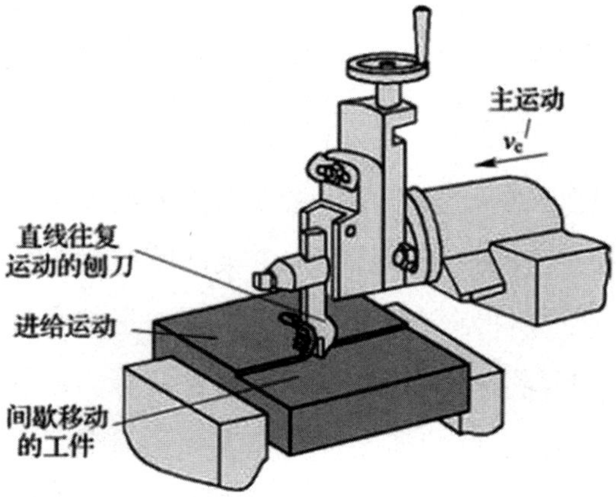

图 6-3 刨削加工

（四）插削加工

插削加工（图 6-4）是一种常见的切削加工方法，类似于立式刨床，专门用于加工小批量零件的内表面。这种加工方式主要适用于需要在工件内部形成特定几何形状的加工任务，例如内键槽、内方孔、内多边型孔和键孔等。在插削加工中，通常使用的是特制的插削刀具，其设计使得刀具能够在工件内部进行精确的切削操作。相较于传统的铣削或者钻削，插削加工能够在较短的时间内完成复杂的内部结构加工，同时保证加工精度和表面质量。这使得插削加工在需要高精度、高效率的加工需求下具有显著的优势。插削加工的关键特点之一是其能够有效地处理不易通过传统加工方式达到的内部形状和结构。例如，对于具有特定内部几何要求的零件，如汽车发动机的缸体、液压阀体等，插削加工能够精确地切削出内部的通孔、槽口和孔位，确保其功能和性能的完整性。插削加工的工艺流程相对简单，通常涉及固定工件和刀具，然后通过控制工件的移动或刀具的进给来实现切削。现代插削加工已经广泛应用于数控机床中，可以实现复杂内部结构的自动化加工，提高生产效率和加工精度。

图 6-4　插削加工

（五）磨削加工

磨削加工是一种通过磨具的切削作用，除去工件表面多余层以达到特定精度和表面质量要求的加工方法。在工业制造中，磨削加工被广泛应用于各种材料的加工，特别是对于需要高精度和光洁度的零件制造至关重要。磨削加工的常见形式包括外圆磨削、内圆磨削、无心磨削、螺纹磨削、平面磨削和成形面磨削等。每种形式都针对不同的工件类型和加工需求设计，以确保最终的加工精度和表面质量满足要求。例如，外圆磨削适用于加工轴承外圆和轴类零件的表面，内圆磨削则用于内孔和管类零件的加工。磨削加工的过程涉及磨具（磨轮或磨盘）和工件之间的相对运动。通常情况下，磨具固定在磨削机的主轴上旋转，同时以一定的速度沿轴向或径向移动，与静止或转动的工件表面接触，进行切削和磨削。切削过程中，磨具的颗粒边缘负责切削工件表面，去除多余材料，从而形成所需的形状和尺寸。

磨削加工的优点之一是能够实现极高的加工精度和表面质量。相比于其他加工方法，磨削可以达到更细致的尺寸控制和更光滑的表面光洁度，适用于需要高精度配合和接触表面的零件制造，例如精密机械零件、模具和汽车发动机零件等。随着磨削技术的不断发展，现代磨削加工已经实现了高度自动化和数控化。通过数控磨削机床，可以精确控制磨具的运动轨迹、磨削参数和加工过程，提高了生产效率和加工一致性，同时减少了人为操作的误差和劳动强度。

（六）钻削加工

钻削加工是一种常见的金属加工方法，通过钻头或扩孔钻在工件上加工孔。在这种加工过程中，通常工件是固定不动的，而刀具则随着主轴的旋转并沿轴向运动，以达到所需的加工效果。钻削加工通常用于制造需要精确孔径和平整表面的零件。这种加工方法在工业制造中广泛应用，从汽车零部件到航空航天领域的复杂结构件都可以看到其应用。钻削操作可以在金属、塑料、木材和其他材料上进行，因此具有广泛的适用性。

钻削加工的关键步骤包括刀具的选择和工艺参数的设定。钻头的选择要根据工件材料、所需孔径以及加工表面要求来确定。例如，硬质合金钻头适合加工硬度较高的金属，而高速钢钻头则适合一般性的金属和塑料加工。在设定工艺参数时，需要考虑切削速度、进给速度和切削深度，以确保在不损坏工件的情况下达到预期的加工效果。钻削加工的精度和表面质量直接影响到零件的质量和功能。通过精心选择和调整加工参数，可以控制孔径尺寸的精确度和加工表面的光洁度。这在需要高精度配合和接触面的零件制造中尤为重要，例如机械传动部件和密封件。钻削加工也是一种高效的加工方法，可以通过自动化设备和 CNC 机床实现批量生产。钻削加工在自动化程度和生产效率上有了显著的提升，使得工业制造能够更加高效和精确地满足市场需求。

第二节 传统机械加工技术的发展与创新

一、传统机械加工技术的发展

（一）手工加工阶段

手工加工阶段是人类最早期的机械加工形式之一，从铁器时代的锻造和铸造技术开始，逐步演变为后来的传统机械加工技术。这些技术在人类文明发展的各个阶段发挥着重要作用，不仅推动了工具和武器的制造，也促进了建筑和农业工具的发展。在早期的铁器时代，人们通过手工操作工具进行简单的金属加工，如将铁矿石经过熔炼和锻造加工成各种实用的工具和武器。锻造技术是一种将金属加热至高温后，利用锤击和压力形成所需形状的传统工艺。这种方式不仅提高了金属的强度和耐用性，也奠定了后来金属加工技术的基础。

传统机械加工技术在发展过程中积累了丰富的工艺经验，对现代制造技术的兴起具有重要的借鉴意义。在手工加工阶段，工匠们的技艺和经验成为了无形资产，这些积累下来的技术和工艺方法，为后续的工业化生产奠定了基础。尤其是在高精度、高复杂度的零件加工中，许多传统工艺至今仍具有不可替代的价值。工匠可以根据生产过程中遇到的实际问题，迅速进行工艺调整和改进。这种高度灵活的生产方式，使得手工加工技术在面对特殊需求时表现出很强的适应性。这种特点也为现代机械制造领域的定制化生产提供了启示。

（二）机械化阶段

随着机械制造工业的兴起，机械化加工工具如简单的机械车床的出现，标志着人类制造业从传统手工制作向机械化大规模生产的转变。这些机械设备通过驱动力源和传动系统实现自动化加工，极大地改变了生产方式，显著提高了生产效率和产品质量，推动了工业化进程的快速发展。机械化加工工具的出现，首先体现在机械车床的应用上。机械车床以其简单的机械结构和驱动系统，使得金属材料可以通过旋转切削的方式加工成各种复杂的零件。这种技术不仅提高了加工精度和速度，还减少了人力投入和加工误差，从根本上改变了传统手工操作的生产模式。

随着工业技术的进步，铣床等更为复杂的机械化加工工具也相继出现。铣床通过旋转刀具在工件表面进行切削，可以实现更加精确和复杂的加工操作，适用于各种材料的加工需求，从而推动了制造业的多样化和专业化发展。传统机械加工技术的发展在工业革命时期迅速扩展到各个领域。不仅在金属加工领域有了显著应用，还扩展到木材加工、纺织业和食品加工等多个行业。这些机械化加工工具的引入，不仅大大提高了生产效率，还推动了产品质量的稳定性和一致性，使得产品在市场竞争中占据优势地位。工业革命时期的机械化阶段，也促进了工业工程和制造技术的进步。例如，自动化生产线的出现进一步提升了生产效率，将工件在多个工序中自动传送和加工，实现了批量生产和标准化制造。这种系统化的生产方式，不仅节约了人力成本，还减少了生产过程中的浪费和误差，使得工业生产更加高效和可控。

（三）数控加工阶段

在20世纪中期，随着电子技术和计算机技术的迅猛发展，数控机床（CNC）作为一种革命性的制造技术，彻底改变了传统机械加工的方式和效率。数控技术的应用使得加工精度和复杂性大幅提升，操作也更加简便和精确，为各种工业领域带来了巨大的进步和变革。数控机床的出现标志着制造业从机械化阶段向自动化和智能化方向迈出了重要一步。相比传统的机械加工工具，数控机床通过计算机控制系统精确地控制工具的运动轨迹和速度，可以实现复杂曲面和高精度零件的加工，极大地提高了生产效率和产品质量的稳定性。这种精确控制的能力使得数控加工设备广泛应用于航空、汽车、船舶等需要高精度和大批量生产的领域。

数控技术的核心在于通过预先编程的数控程序控制机床运动和加工过程。操作人员只需设计和调整好加工程序，然后由计算机自动执行，极大地简化了加工过程中的人为干预和误差可能性。这种自动化的特性不仅提高了生产效率，还降低了人力成本，使得企业能够更加灵活地应对市场需求的变化。数控技术的推广和应用，不仅影响了制造业的生产方式，还深刻地改变了工业设计和生产管理的模式。在数控加工阶段，数控机床的功能和性能不断提升，从简单的数控车床和铣床发展到多轴、多功能的数控加工中心和复合加工设备。这些先进的设备不仅能够实现更复杂的加工任务，还具备了更高的生产灵活性和适应性，能够快速响应市场需求的变化。传统机械加工技术的发展与数控技术的引入形成了鲜明的对比。传统机械加工依赖于人工操作和机械传动，限制了加工精度和复杂性。而数控技术则通过计算机控制和精确的运动控制系统，彻底改变了这一局面，使得加工过程更加高效、精确和可控。

二、传统机械加工技术的创新

（一）增材制造技术

增材制造技术，尤其是3D打印，作为一种革命性的制造方法，正快速改变着传统机械加工领域的格局和方式。与传统机械加工技术相比，增材制造技术不再依赖于切削或去除材料来形成零件，而是通过逐层堆叠材料或固化材料来直接制造复杂的几何形状。这种方法不仅能够节约材料和减少加工工序，还极大地扩展了制造的可能性和灵活性。

在增材制造技术中，3D打印是最为广泛应用的技术之一。通过计算机辅助设计

（CAD）软件，将数字模型转化为一系列的横截面数据，然后由3D打印机按照指定路径和层厚逐层打印材料，最终形成三维实体。这种逐层制造的过程使得设计师和工程师能够实现以前难以想象的复杂结构和内部空间的设计，如复杂的结构优化、内部通道和空腔，这对于传统加工方法来说是非常困难甚至不可能实现的。增材制造技术已经被广泛应用于制造复杂的航空发动机零件、航天器组件甚至整个卫星结构。传统的加工方法难以应对这些复杂结构的需求，而增材制造则能够通过一体成型的方法，提供更轻、更强、更节约材料的解决方案。此外，由于3D打印的高度定制性和灵活性，医疗器械制造领域也开始广泛采用增材制造技术，例如定制的人工关节、牙科种植体和个性化的医疗器械。传统机械加工技术在面对这些新技术挑战时也在不断创新和演进。虽然增材制造技术在灵活性和复杂性上有着明显优势，但传统机械加工仍然在一些领域具有独特的优势，如高精度加工、大批量生产和特定材料的加工要求。因此，随着增材制造技术的普及和成熟，传统机械加工技术也在逐步转向与增材制造技术结合的混合制造模式，以充分发挥各自的优势并应对不同的生产需求。

（二）柔性制造系统

柔性制造系统（Flexible Manufacturing Systems，FMS）和智能工厂的兴起标志着制造业进入了一个全新的时代，将传统机械加工推向更为灵活和智能化的发展方向。这些先进的制造系统不仅能够有效应对市场的快速变化和客户个性化需求，还能显著提升生产效率、降低生产成本，从而在竞争激烈的市场中获得竞争优势。FMS的核心在于其能够快速适应不同的生产需求和变化的市场环境。传统的机械加工通常依赖于固定的生产线和专门化设备，而FMS则通过集成多功能设备、自动化控制系统和灵活的生产流程，使得工厂能够在短时间内调整和重新配置生产线，以适应不同产品的加工和生产需求。这种灵活性不仅能够减少生产转换时间，提高设备利用率，还能够有效减少库存和废品率，从而显著降低整体生产成本。

在智能工厂的背景下，FMS更是通过数据驱动的智能化管理和预测性维护，进一步提升了生产效率和产品质量。通过传感器网络和实时数据分析，智能工厂能够实时监测设备运行状态和生产过程，预测潜在故障并进行预防性维护，从而减少生产中断和设备故障对生产计划的影响。这种智能化的管理不仅提高了生产线的稳定性和可靠性，还能够及时调整生产策略和资源分配，以最大化生产效率和产品质量。传统机械加工技术在面对FMS的挑战时也在不断创新和进步。虽然FMS在灵活性和适应性上具有显著优势，但传统机械加工仍然在高精度加工、特定材料加工和大批量生产等方面有其独特的应用优势。因此，随着市场需求和技术进步的推动，传统机械加工技术也在逐步向数字化、自动化和智能化方向发展，与 FMS 相互融合。

第三节　数控机械加工技术的应用与优化

一、数控机械加工技术概述

（一）数控机械加工技术概念

在传统的数控机械加工作业中，都是由工作人员手动操作进行加工，比如数控机床上的相关机械零件都是由工作人员手动测量、画图后，再进行切割的，机械零件的精度容易受到人为因素影响。而在当今工业技术不断发展的背景下，数控机床是采用计算机控制，利用数字信息化来控制机械加工流程，并在控制下实施作业。数控机械加工技术在对加工程序进行控制的同时，还能控制机械设备的工作流程，并在机械零件加工过程中更好地把握零件的精密性。

（二）数控机械加工技术的特点

1. 完善了生产流程

在传统产品生产中，通常存在着多个不同的生产参数对应不同产品的情况，这不仅增加了作业时间，也使得生产流程变得复杂和烦琐。然而，随着数控机械加工技术的广泛应用，这种复杂化的问题得以有效解决，使得整体加工流程趋向简单化和高效化。数控机械加工技术通过精确的数值控制和自动化操作，极大地简化了原本复杂的加工流程。数控机床能够根据预先设定的程序精确控制刀具的运动轨迹、切削参数和加工深度，从而实现高度精准的加工过程。这消除了传统加工中频繁调整机床和工具的需要，节省了大量的调整时间和人力成本。数控机械加工在简化流程的同时，也能够舍弃掉不必要的烦琐程序。传统加工中，由于不同产品需要调整不同的工艺参数和加工路径，导致了生产过程中频繁切换和调整，增加了操作员的负担和错误发生的可能性。而数控机床通过统一的控制系统和预设的加工程序，可以在同一台机床上完成多种产品的加工，仅需修改程序和设置参数即可，极大地简化了生产流程和管理难度。数控机械加工技术还带来了生产效率的显著提升。由于自动化控制和精确的加工能力，数控机床能够实现更快速、更稳定的加工速度和质量，减少了废品率和加工周期，提高了整体生产效率和产品的竞争力。

2. 增加了产品数量

传统加工方式由于无法灵活调整产品的标准、参数和规格，一旦出现产品误差或需求变更，往往会导致生产过程中的质量问题和资源浪费。然而，这些问题在数控加工技种得以有效解决，数据加工技术为生产过程带来了更大的灵活性和精确性。数控机械加工技术的一个显著优势在于能够提前录入和精确控制产品的规格和加工参数。通过预先设定的数值程序，操作人员可以精确规定每一道工序的切削路径、深度、速度等参数，确保每个产品都能按照设计要求精准加工。这种精确控制不仅保证了产品的一致性和质量稳定性，也大大减少了由于人为操作误差而引起的废品率。

更重要的是，数控机械加工技术在实际加工过程中具有修正和调整的灵活性。一旦在生产作业中发现产品误差或需要调整参数，操作人员可以即时修改数控程序，通过数值控制系统实现实时调整，而无须停止整个生产线或重新设置机床。这种能力使得生产过程变得高效且响应迅速，有助于及时控制和修正产品误差，保证产品质量和客户满意度。数控机械加工技术也显著节约了加工时间和资源投入。因为每种产品都需要单独设置和调整机床，导致了生产过程的时间浪费和成本增加。而数控机床的普及使得同一台设备可以连续加工多种产品，只需简单的程序切换和参数调整，缩短了产品交付周期，降低了生产成本。

3. 提高了产品质量

生产作业通常需要完成多个零件的加工，容易出现人为操作误差，影响产品的质量稳定性。然而，数控机械加工技术的引入彻底改变了这种局面，带来了诸多优势和提升。数控机械加工技术通过预先编程和数值控制，实现了高度精确的加工过程。每一道工序的切削路径、深度和速度等参数都可以精确控制，确保每个零件都能够按照设计要求精准加工。这种精密度远超传统手工操作或半自动化机床加工，大大提高了零件的几何精度和尺寸一致性，有效地保证了产品的整体质量水平。

数控机械加工技术的高效性也显著提升了生产效率。传统机械加工方式每种产品的加工往往需要独立设置和调整机床，耗费大量的时间和人力资源。而数控机床则能够连续、自动地执行预设的加工程序，能快速切换到下一个生产任务，极大地缩短了加工周期和交付时间。这种高效性不仅提升了生产的整体效率，也降低了成本和资源浪费。数控机械加工技术还提升了生产作业的稳定性和可控性。由于加工过程的自动化和数值控制，操作人员可以在实时监控和调整加工过程中，及时应对任何潜在的问题或调整需求，避免了传统加工中常见的人为误差和不可预测因素。这种稳定性和可控性有助于提高产品的一致性和质量稳定性，满足客户对产品高品质的需求。

二、数控机械加工技术的应用现状

（一）数控机械加工技术应用水平低

在我国机械加工行业中，尽管数控机械加工技术具有巨大的潜力和优势，但其应用水平仍然面临诸多挑战和限制。这些挑战不仅影响了产品质量的稳定性，也制约了生产效率的提升，需要在多个方面进行改进和优化。

首先，数控机械加工技术的应用水平受到技术人才的制约。数控设备的操作和编程需要专业的技能和经验，而当前市场上高素质的数控技术人才相对短缺。许多企业在引入数控设备后，面临着操作人员技能不足的问题，无法充分发挥设备的潜力。因此，加强对数控技术人才的培训和引进，建立健全的技术人才队伍，是提升数控技术应用水平的关键之一。

其次，设备维护和故障处理能力不足也是影响数控机械加工质量的重要因素。数控设备需要定期维护和精准调整，以确保加工精度和稳定性。然而，许多企业在设备维护和故障处理方面存在技术和经验上的欠缺。没有有效的维护计划和快速响应机制，设备故障可能会导致生产中断和质量问题，影响企业的生产计划和客户信任。

最后，技术更新和创新能力不足也制约了数控机械加工技术的进步。数控技术不断更新换代，要求企业具备持续的技术更新和创新能力。然而，一些企业可能因为资金、人才或管理等方面的限制，无法及时跟进最新技术的应用和开发，导致技术落后于市场需求，影响到企业的竞争力和发展潜力。

面对挑战，政府和企业首先可以加大对数控技术人才的培养和引进投入，建立完善的技能培训和认证体系，吸引更多有志于数控技术的人才加入行业。其次，加强对企业设备维护和技术支持的政策扶持，鼓励企业建立健全的设备维护团队和应急响应机制，提升设备运行稳定性和可靠性。此外，企业应加强与高等院校、科研机构的合作，推动数控技术在实践中的创新应用和技术改进，不断提升行业的整体技术水平和竞争力。

（二）数控机械加工技术缺乏管理

尽管数控机械加工技术的应用已经日益普及，但其管理方面的不足和问题也逐渐显现出来。数控机械加工技术在提升生产效率和产品质量的同时，如果缺乏有效的管理制度和技术人员的安全意识，可能会导致诸多安全隐患和操作风险，严重影响机械加工作业的正常开展。数控机械加工技术在应用前需要技术人员对设备进行安全评估和故障排除。然而，目前许多企业存在着管理制度不完善的情况。缺乏规范的安全评估和操作流程，导致在设备投入使用之前，无法全面排除潜在的安全隐患和技术问题。一旦设备出现故障或操作失误，可能会对人员和设备造成严重损失，甚至危及生产安全。

技术人员和操作人员普遍缺乏足够的管理意识和理念。在实际工作中，虽然技术人员对数控机械加工技术有一定的掌握，但对于设备安全管理、故障处理和定期维护的重视程度不足。及时响应和有效管理不足，可能会导致设备长期运行中的潜在问题被忽视，从而积累隐患，最终影响设备的稳定性和工作效率。定期检查和维护机械加工设备也是保证操作安全和设备稳定运行的关键措施。然而，由于管理体系不完善，许多企业缺乏定期的设备检查和维护计划，导致设备可能出现老化、磨损或未预料的故障，进而影响到生产的连续性和质量稳定性。

（三）数控机械加工技术编程不完善

随着数控机械加工技术在我国机械行业的广泛应用，数控编程的重要性愈加突显。数控加工技术通过自动化和精确控制，极大地提升了生产效率和加工精度，成为现代制造业的关键支柱之一。然而，我国数控编程技术发展起步较晚，面临着编程技术不完善的挑战，特别是在数控系统功能稳定性和应用范围的扩展方面存在较大问题。数控机械加工技术的编程需要具备高度专业化和技术化的能力。编程人员不仅需要掌握数学、物理等基础知识，还需具备深厚的数控加工工艺和机械加工经验。然而，由于我国数控技术的起步相对较晚，导致在数控编程人才的培养和储备方面存在不足，编程技术的水平和应用能力相对滞后。

数控系统的功能稳定性是数控编程技术不完善的重要原因之一。数控系统作为控制整个加工过程的核心，其稳定性和可靠性直接影响到加工精度和生产效率。然而，由于在技术更新和设备适应能力方面存在差距，一些企业使用的数控系统在面对复杂加工需求时可能表现出功能不完善或不稳定的情况，影响到编程的准确性和操作的流畅性。

数控编程的复杂性和灵活性也是挑战之一。随着市场需求和技术进步的不断变化，数控编程需要能够快速调整和适应不同的加工要求和工艺流程。然而，由于缺乏标准化的编程规范和模块化的编程工具，一些企业在面对定制化需求时可能面临编程调整困难或周期延长的问题，影响到生产的灵活性和响应能力。

（四）机械设备使用不当

在当前的机械加工企业中，数控机械设备作为生产工具的重要角色逐渐凸显，然而，许多企业在使用过程中存在一些普遍的问题，特别是在设备的管理和维护方面，这些问题可能严重影响到设备的正常运行和生产效率。对于大部分机械加工企业来说，数控机械设备往往被视为生产产品的工具，而忽略了其作为精确控制工具的本质。数控技术的应用不仅仅是简单的设备操作，更重要的是通过精确的编程和控制，实现高效、精准的加工过程。然而，由于企业可能缺乏对数控技术优势的充分理解和应用，导致设备的潜力未能得到充分发挥，影响生产效率和产品质量。

设备的维修和养护问题也是当前数控机械设备使用中的一个关键短板。许多企业虽然购置了先进的数控设备，但在日常运营中却忽视了对设备的定期维护和及时养护，造成设备的使用寿命缩短，随之而来的是频繁的故障和维修需求，大大影响了生产计划的稳定性和成本效益。此外，不良的维护和养护习惯还会加速设备的老化进程，进一步降低设备的生产效能和加工精度。企业在数控机械设备的实际使用过程中，也存在技术人员的短缺和培训不足问题。数控技术的高度专业化要求操作人员具备深厚的数控编程和操作经验，以及对设备性能和运行状态的准确把握能力。然而，由于技术人才的供给不足或培训水平不足，企业在设备操作和故障排除时常常面临技术瓶颈，影响到生产的连续性和效率。

三、数控机械加工技术的优化措施

（一）完善管理制度

为了充分发挥数控机械加工技术在机械加工过程中的优势，提高产品质量和生产效率，机械生产加工企业必须建立完善的管理制度和科学合理的管理模式。加强对工作人员的培训是确保数控机械加工技术有效应用的基础。工作人员需要全面掌握数控技术的操作和编程技能，理解加工工艺和设备特性。通过系统的培训和持续的技术更新，可以提高工作人员的专业水平和应对复杂工艺的能力，确保他们能够熟练运用数控设备，保证生产作业的稳定进行。重视设备的维护和保养工作至关重要。数控机械设备作为生产的核心工具，需要定期进行维护和检查，以确保设备的正常运行和长期稳定性。建立健全的设备维护计划和操作规程，包括定期的保养、故障预防和及时修复措施。通过有效维护管理，可以减少设备故障率，延长设备使用寿命。

建立合理的管理体系是确保生产安全和质量的关键。管理体系应包括设备操作、生产流程控制、质量管理和安全防护等方面。确保设备和软件操作由专业人士负责，并且实施严格的操作规范和安全标准。此外，建立有效的质量管理体系，包括从原材料采购到成品检验的全过程质量控制，确保产品符合客户要求和标准。制定科学的管理措施是提高生产效率和质量的重要手段。管理措施应从人员、设备和环境等多个方面入手，针对性地制定并实施。例如，建立生产进度和效率的监控机制，定期对生产过程中的关键环节进行评估和优化；加强对生产环境的管理和改善，确保工作场所安全和生产效率。

（二）加强生产管理

与传统的手动操作相比，数控机械设备能够通过精确的程序控制和自动化操作，实现复杂加工任务，从而显著提高了生产的灵活性和精度。数控机械加工技术与现代信息技术的融合为生产管理带来了全新的可能性。通过数控系统，企业可以实现生产过程的数字化监控和管理，从而及时调整生产计划和优化加工流程。现代信息技术的应用使得生产数据和实时运行状态可以实时传输和分析，管理人员可以基于实际情况进行决策，提高生产效率和响应速度。数控机械加工技术的批量生产能力使得生产规模化和标准化成为可能。通过编程设定，数控设备可以连续、精确地执行同一产品的加工工序，避免了传统手工操作中可能存在的误差和变动。这种批量生产的模式不仅提高了产品的一致性和稳定性，还能够有效控制生产成本，提升企业的市场竞争力。要合理利用数控机械加工技术，有效生产管理是至关重要的。首先是严格的生产流程管理。企业需要制订详细的生产计划和工艺流程，确保每一个加工步骤都能按照预定的程序进行，减少因人为操作而引起的误差和浪费。通过合理安排生产任务和资源调度，可以最大化地利用数控设备的生产潜力。

数控机械加工技术虽然能够提供高精度的加工能力，但质量管理仍然是确保产品质量的关键。企业应建立完善的质量控制体系，包括从原材料的选择和采购、加工过程的监控到成品的检验，确保每一件产品都符合客户的要求和标准。通过采用先进的检测设备和技术手段，及时发现和处理可能存在的质量问题，保证产品的优良品质，提升客户满意度和市场信誉度。数控机械加工技术的应用需要具备高水平技术和操作经验的人才团队。企业应该重视对技术人员的培训和进修，使他们能够熟练掌握数控设备的操作和维护技能，增强应对突发情况和解决问题的能力。同时，建立起团队合作精神和高效沟通机制，促进生产团队的协同工作和业务流程的优化。

（三）合理选择工具

刀具作为金属切削设备中的核心组成部分，直接影响到加工过程的顺利进行和加工质量的优劣。因此，合理选择和优化刀具的使用策略，能够显著提高生产的效率和经济效益。对于数控机械加工设备而言，刀具的选择应考虑到加工材料的特性和加工要求。加工不同的材料如钢铁、铝合金或者不锈钢，需要使用相应的不同材质和刃型的刀具，以确保切削效率和切削质量。例如，对于硬度高的材料，可能需要选择更耐磨的刀具材料，同时调整刀具的刃角和切削速度，以确保切削过程稳定和切削面质量良好。

控制刀具的切削时间和切削速度是提高生产效率的关键。通过合理调整切削参数，如切削速度、进给速度和切削深度，可以在保证加工质量的前提下，尽量缩短单件产品的加工时间，从而提高机器利用率和生产效率。技术人员需要根据具体工件的要求和数控设备的性能特点，精确设定切削参数，并实时监控加工过程中的各项指标，及时调整以达到最佳的加工效果。定期对刀具进行检修和保养以保持刀具的良好状态也是保证加工效率和质量的重要手段。及时更换磨损严重的刀具，并进行正确的刀具安装和调整，能够有效减少因刀具损伤引起的加工事故和质量问题，确保生产过程的稳定性和连续性。

（四）创新软件设备

数控机械加工技术的应用不仅仅是简单地将生产方式从手动转变为自动化，更是通过计算机控制和精确的程序设计，实现了生产过程的精准化和高效化。在数控机床的基础上，各种创新的软件设备的引入和应用为机械加工行业带来了深远的影响和巨大的发展空间。数控机械加工技术通过计算机的精确控制，能够实现复杂零件的高精度加工。传统的手工操作或者简单的机械设备往往难以完成精密加工要求，而数控机床配合先进的软件设备，不仅能够精确控制刀具的运动轨迹和加工参数，还可以实时调整加工路径和深度，确保每一件产品都能达到设计要求的精度和质量标准。这种精确度和一致性的提升，不仅提高了产品的质量，也增强了企业在市场上的竞争力。

随着技术的不断发展和应用，机械加工企业可以研发和应用各种定制化的软件设备，以更好地满足市场需求和企业内部的生产管理需求。例如，智能化的生产计划软件能够根据市场需求和实际生产情况进行灵活调整和优化，提高生产效率和资源利用率。而实时监控和数据分析软件则能够帮助企业管理人员实时了解生产现场的运行状态和生产数据，及时发现和解决问题。软件设备的应用还能够带动整个生产流程的数字化和信息化。从订单管理到生产排程，从供应链管理到产品质量控制，各个环节的信息都可以通过软件系统进行集成和管理，提升企业的运营效率和管理水平。通过数据的实时监控和分析，企业可以及时调整生产策略和资源配置。

（五）培养技术人才

数控机械加工行业要想更进一步发展，需要全面引入技术人员，并且在企业内部培养专业技术人员。在一些企业人为因素导致的安全事故频频发生，因此在机械加工生产企业中，需要对重点人才进行培养。

1. 明确岗位责任制

通过明确每一位技术人员的岗位职责和责任范围，能够有效提高工作效率和管理水平，从而更好地应对生产过程中的各种挑战和变化。

明确岗位责任制有助于确保生产过程的顺利进行。每个岗位的责任明确，技术人员清楚自己在生产中的角色和任务，能够有针对性地完成工作，避免因信息不对称或责任不明确而导致的工作混乱或延误。例如，负责设备操作的技术人员应了解设备的操作要求和安全操作规范，保证设备的正常运行和生产进度的稳定。

明确岗位责任可以有效约束人员行为，提升工作纪律和自我管理能力。在清晰的岗位职责框架下，技术人员不仅明白自己的工作职责，还了解自己在团队中的位置和作用，从而更有动力和责任感地完成工作。这种自觉性和责任感的培养，有助于降低人为因素对生产质量和安全的影响，提高整体团队的协作效率和工作质量。

明确岗位责任制度还有助于技术人员的能力提升和职业发展。通过明确的工作职责和责任范围，技术人员能够有计划地进行工作学习和技能提升，不断积累经验和改进工作方法，从而提升自身的专业水平和综合素养。企业可以通过制定并执行有效的岗位培训计划，帮助技术人员在实践中成长和进步，为企业的长远发展奠定坚实基础。

明确岗位责任制度在应对突发情况和管理风险方面也具有重要作用。每位技术人员都清楚自己的职责和应对措施，能够快速反应和处理突发事件，减少因人为疏忽或误操作而引发的生产事故或质量问题。这种有效的责任分工和应急响应机制，能够有效提升企业应对市场竞争和外部环境变化的能力。

2. 构建绩效考核制

绩效考核制度不仅可以帮助企业评估和激励员工的表现，还能够明确目标、提升团队合作，并促进个人职业发展和企业长期发展的紧密结合。

建立绩效考核制度有助于明确目标和期望。通过制定明确的工作目标和绩效标准，员工可以清楚了解自己的工作职责和预期成果，从而有针对性地进行工作规划和执行。这种明确的目标设定不仅有助于提高工作效率，还能够帮助企业实现战略目标和市场竞争优势。

绩效考核制度可以作为激励和奖励的有效工具。通过设定奖励机制，如绩效奖金、晋升机会或其他福利待遇，激励员工在工作中努力拼搏、创新思考，从而促进工作积极性和团队合作精神的形成。合理设定的奖励制度不仅能够增强员工的工作满意度和归属感，还能够吸引和留住优秀人才，为企业的可持续发展提供人力支持。

绩效考核制度也是识别和解决问题的重要工具。通过定期的绩效评估和反馈机制，企业可以及时发现和解决员工在工作中遇到的问题和挑战，及时调整工作流程和提升培训投入，以提高员工的工作能力和绩效水平。同时，员工也可以通过绩效评估了解到自身在工作中的优势和不足之处，从而有针对性地进行自我提升和职业发展规划。

建立绩效考核制度有助于形成良好的企业文化和团队氛围。通过公平公正的绩效评估，能够增强员工之间的信任和合作，减少内部竞争和摩擦，营造积极向上的工作氛围和团队凝聚力。良好的企业文化和团队氛围不仅能够提升员工的工作幸福感和满意度，还能够有效吸引外部人才和提升企业形象，为企业长期稳定发展打下坚实基础。

3. 落实针对培训制

通过有效的培训计划和内容，可以有效地提升员工的专业技能、工作严谨性以及解决问题的能力，进而推动企业的发展和竞争力。制定详细的培训计划至关重要。培训计划应当根据企业的实际需求和员工的现有水平进行精心设计，确保培训内容具有针对性和实用性。针对不同岗位的技术人员，可以分阶段、分模块地安排培训课程，涵盖从基础知识到高级技能的全面学习，例如编程技术、操作技能、安全操作等方面。这种分层次、系统化的培训安排有助于员工逐步提升能力，并确保他们在工作中能够胜任各种复杂的任务和挑战。培训内容应注重理论与实践相结合。在培训过程中，不仅要加强员工的理论知识培养，还要通过实际操作和案例分析等方式，提升他们的实操能力和问题解决能力。特别是对于编程技术人员，除了理论学习外，还应加强实际编程训练，让他们熟练掌握数控机械设备的操作和调试，能够迅速识别和修复问题，保证生产过程的连续性和稳定性。

培训过程中要注重职业道德和责任意识的培养。作为技术人员，除了具备专业技能外，还需要具备良好的职业道德和团队合作精神。企业可以通过案例分析、行业规范引导、模拟场景演练等方式，培养员工的责任感和团队协作能力，使其在工作中不仅关注个人绩效，还能够注重整体团队的目标和利益，从而提高工作效率和质量。评估和反馈是培训制度落实的重要环节。企业应当建立健全的培训评估机制，定期对员工进行培训效果评估和反馈，及时调整和优化培训计划和内容。通过员工反馈和实际工作表现，不断改进培训方式和方法，确保培训的持续性和有效性，为企业长期发展提供稳定的人才支持。

（六）重视软件开发

在数控机械加工技术的实施过程中，软件开发的重要性日益凸显。数控机械加工的效果和质量直接受到数控机械软件质量的影响，因此，加强数控机械软件的开发力度是提高生产效率和产品质量的关键一步。数控机械加工技术的自动化控制对操作人员的技术要求非常高。良好的数控机械软件不仅能提高操作的精度和稳定性，还能减少操作人员的误操作风险。在现代机械工业中，企业越来越意识到优化软件开发的重要性，通过开发更先进的数控机械软件实现生产过程的智能化和精准化，不仅能够降低生产成本，还能提升企业的市场竞争力。

数控机械软件的开发需要充分考虑到操作环境和实际需求。现代化的数控机械软件不仅要具备高效的运行速度和稳定的性能，还需支持多样化的加工需求和复杂的加工程序。在开发过程中，技术人员需要与机械加工企业紧密合作，深入了解实际生产环境和加工要求，确保软件能够完全适配企业的生产流程，并能够及时响应和适应市场变化和客户需求的变化。为了保证数控机械软件的稳定性和可靠性，企业必须采取有效维护和更新措施。定期的软件维护和更新可以及时修复程序中的 bug 和漏洞，优化软件的运行效率，确保在生产过程中不会因为软件问题而影响生产计划和产品质量。此外，加强软件开发团队的技术培训和知识更新也是提高软件开发水平的重要手段，技术人员应不断学习和掌握新技术，以应对日益复杂和多变的生产需求。

第七章　先进材料在机械设计中的应用

第一节　先进材料的特性与分类

一、先进材料的特性

（一）复合材料

1. 高强度和轻量化

复合材料因其高强度、轻质和耐腐蚀性成为机械设计中的重要选择。复合材料通常由两种或多种不同性质的材料组合而成，例如碳纤维增强塑料（CFRP）和玻璃纤维增强塑料（GFRP）。碳纤维复合材料具有极高的强度重量比，这使其在航空航天、汽车和运动器材等领域得到了广泛应用。例如，在汽车设计中，碳纤维材料的应用不仅能大幅减轻车身重量，从而提高燃油效率，还能增强车体的整体强度，提升安全性。此外，复合材料的耐腐蚀性使其在海洋工程和化工设备中表现出色，能够在恶劣环境下保持优异的性能。金属基复合材料（MMC）因其良好的导热性、高温强度和抗疲劳性在机械设计中得到重视。MMC 通常由金属基体和增强相组成，如铝基、镁基或钛基复合材料。这些材料在高温环境下表现出卓越的性能，适用于发动机部件、涡轮叶片和刹车盘等领域。特别是在航空发动机中，金属基复合材料能够承受极高的温度和应力，显著提高了发动机的效率和寿命。氧化铝、碳化硅和氮化硅等陶瓷材料因其极高的硬度和耐磨性，常用于切削工具、轴承和密封件等领域。陶瓷切削工具不仅能够提高加工精度，还能延长工具寿命。同时，陶瓷材料的耐高温特性使其在高温环境下仍能保持稳定性能，广泛应用于燃气轮机和高温炉衬等领域。

2. 优异的耐腐蚀性

一些复合材料如玻璃纤维增强塑料在面对化学腐蚀时表现尤为突出。玻璃纤维增强塑料不仅具有轻质和高强度的优点，其耐腐蚀性能使其能够抵抗酸、碱和盐等化学物质的侵蚀。此特性使其在化工管道、储罐和船舶制造中得到广泛应用。例如，在化工厂的管道系统中，玻璃纤维增强塑料不仅可以防止腐蚀，还能减轻设备重量。对于需要在海水中长时间运行的设备，如海洋钻井平台和船体，玻璃纤维增强塑料的耐腐蚀性同样表现出色，能够在恶劣的海洋环境中长期稳定运行。

3. 设计灵活性

复合材料的层叠结构和纤维方向调控是实现设计灵活性的重要手段之一。复合材料由多种不同性质的材料层叠组成，每一层的材料类型、厚度和排列顺序可以根据特定需求进行调整。例如，碳纤维增强塑料（CFRP）的层叠结构可以通过改变碳纤维布的叠层方式和纤维方向，调节其在不同方向上的强度和刚度。这种设计灵活性使得复合材料能够在不同应力方向和工作环境下提供优异的性能表现，从而广泛应用于航空航天、汽车和体育器材等领域。金属基复合材料（MMC）在结构设计中也展现出良好的设计灵活性。MMC 由金属基体和增强相组成，可以通过调节金属基体的成分、增强相的含量和分布来实现对材料性能的精确控制。例如，铝基复合材料可以通过调节铝合金的成分和增强相（如硅碳化物）的分布来优化其导热性、强度和耐腐蚀性，从而适应不同的工业应用需求。

陶瓷材料在设计灵活性方面同样发挥着重要作用。氧化铝、碳化硅和氮化硅等陶瓷材料因其高硬度、耐磨性和耐高温性能，在工具制造、轴承和密封件等领域有广泛应用。通过调节陶瓷材料的配方和烧结工艺，工程师可以实现对其微观结构和性能的精确控制，以满足不同工作条件下的耐磨和耐腐蚀需求。纳米材料由于其特殊的物理和化学特性，提供了更大的设计灵活性。纳米复合材料通过在基体材料中添加纳米颗粒或调节其表面形貌，可以显著改善材料的力学性能、导电性能和化学稳定性。例如，纳米二氧化钛可以用作涂层材料，不仅提高了材料的光学透明性和硬度，还赋予了材料抗污染和自洁功能。这种设计灵活性使得纳米材料在传感器、光学器件和生物医学领域有着广泛的应用前景。形状记忆合金（SMA）因其独特的形状记忆效应和超弹性，在智能材料和医疗器械设计中发挥重要作用。通过调节 SMA 的合金成分和热处理工艺，可以实现对形状记忆效应和变形控制的精确调控，用于制造自适应结构和微机电系统（MEMS）设备，提高设备的性能和可靠性。

（二）纳米材料

1. 增强材料性能

纳米材料因其极小的尺寸尺度（通常在 1 至 100 纳米之间）展现出与传统材料截然

不同的力学性能。在纳米尺度下，材料的原子和晶粒排列方式对其力学性能具有显著影响。例如，纳米材料往往表现出比同种材料晶体更高的硬度和强度，这归因于纳米尺度下晶粒的增多和晶界的特殊结构。因此，纳米材料在机械设计中常用于制造高强度、轻质的结构部件，如飞机机身材料、汽车车身材料以及高性能运动器材。纳米材料的导热性能得到显著提升，这对于高温环境下的机械设备尤为重要。由于纳米尺度下热传导路径的优化，纳米材料能够有效地提高热传导效率，并且在微观尺度上具有更均匀的热分布。这使得纳米材料特别适用于制造热管理要求严格的部件，如电子器件、热交换器和高性能散热材料。

电性能是另一个纳米材料的显著优势。纳米材料通常表现出优异的电导率、电介质常数和电子迁移率，这使其在电子器件、传感器和能源存储系统中有广泛的应用。例如，纳米碳管和量子点等纳米材料被用于制造高效的柔性电子器件，如柔性显示屏和柔性电池，其高电导率和优良的机械柔韧性使得这些器件能够实现更高的性能和更长的使用寿命。除了以上基本性能，纳米材料还展现出其他独特的物理和化学特性，如光学特性、磁性和表面反应活性等，这些特性进一步拓展了其在机械设计中的应用领域。例如，利用纳米颗粒表面的增大比表面积效应，可以制备高效的催化剂和吸附剂，用于环境保护和能源转换领域。

2. 轻量化和高强度

在现代工程设计中，轻量化和高强度是实现性能优化和资源节约的关键目标。纳米材料因其独特的结构和性能优势，成为实现轻量化设计并同时保持高强度的理想选择，广泛应用于各种要求重量和性能平衡的应用领域。纳米材料的轻量化设计基于其特殊的纳米级尺寸效应和化学组成。材料的密度和质量可以显著降低，同时保持足够的力学强度。例如，纳米纤维增强复合材料（如碳纳米管增强复合材料）具有极高的强度重量比，远远超过传统的金属和合金材料。这使得纳米复合材料成为航空航天、汽车和体育器材等领域轻量化设计的首选材料。

纳米材料的高强度表现出色，主要归因于其在纳米级尺度下的晶体结构和晶粒排列方式的优化。纳米材料往往表现出比同类传统材料更高的硬度和抗拉强度，这使其能够承受更大的载荷和应力，同时减少材料的厚度和重量。例如，纳米陶瓷材料如氧化铝和氮化硅在高温和高压环境下表现出色，被广泛应用于航空发动机零部件和切削工具中，以提升工作效率和延长使用寿命。纳米材料的高强度和轻量化设计不仅在工业制造中有着显著的应用，还在消费电子产品和医疗器械等高科技领域中发挥着重要作用。在电子设备中，纳米材料如纳米银和纳米碳管被用作高效的导电材料和热管理材料，不仅提高了设备的性能，还减轻了设备的重量和体积。纳米材料的生物相容性和抗菌性使其成为人工关节、植入式传感器和药物递送系统的理想选择，为患者提供了更安全可靠的治疗方案。

（三）智能材料

1. 响应性和适应性

智能材料能够根据环境条件或外部刺激调整其性能和形态，为各种需要动态调整的应用提供了理想解决方案。这些材料通过结构或化学调控，能够实现从微小到显著的物理和化学响应，从而广泛应用于航空航天、医疗、汽车和电子等领域。形状记忆合金（SMA）是最典型的智能材料之一，具有记忆形状的特性。当 SMA 处于低温或应力作用下，其可以保持一种预设的形状；而当受到热量或外力作用时，SMA 能够恢复到原来的形状，这一过程可以反复进行。这种形状记忆效应使得 SMA 在航空航天中被广泛用于制造自适应结构和活动部件，如飞机机翼和太空探测器中的展开式折叠器件。SMA 也被应用于心血管支架和智能植入物，以适应动态生理环境变化。

压电材料以其能够在电场作用下发生形变或产生电荷的特性而闻名。这种材料在机械设计中被广泛用于传感器和执行器中。当施加电场时，压电材料会发生形变或产生电信号。这种响应特性使得压电材料能够实现微小运动的精确控制，例如在超精密仪器的位置调节和振动控制中应用广泛，同时也被用于声波设备和医学成像中的传感器技术。除了形状记忆合金和压电材料，磁致伸缩材料（MFC）和光敏材料等也展现出良好的响应性和适应性。MFC 在外加磁场下表现出明显的长度变化，被广泛用于精密仪器和精密驱动装置中的位置控制和变形调节。光敏材料则能够根据光照强度和频率变化产生电荷或形变，因此在光电设备、可穿戴技术和光学调节器件中有着重要应用，如光电开关和自适应眼镜片。智能材料的响应性和适应性不仅改变了传统材料在工程设计中的应用方式，也为新一代智能化和自适应机械系统的发展提供了无限可能。工程师可以利用这些材料的特性，设计出更加智能、更加高效的产品和系统，从而提高生产效率、降低能耗，并在各个行业中推动技术的革新和进步。

2. 传感和控制功能

智能材料因其具备传感和控制功能，已经成为推动智能化机械系统发展的关键技术之一。这些材料能够感知环境变化或外部刺激，并通过自主调节或响应来实现对系统功能和性能的优化，从而提高系统的自主性、灵活性和效率。它们在航空航天、汽车工业、医疗器械和消费电子产品等领域展示出了广泛的应用前景和潜力。形状记忆合金

（SMA）是智能材料中具有显著传感和控制功能的代表之一。SMA 通过响应温度变化来控制形状改变，从而实现对机械系统的精确控制。例如，SMA 在医疗器械中被用作自展开的血管支架，能够根据体内温度变化自动展开到预定形状，以支持血管壁的恢复和血液流动的通畅。SMA 也被应用于自适应结构和部件，如控制舵面和自调节的空气动力学表面，以提高飞行器的飞行性能和燃油效率。

压电材料因其能够在电场作用下发生形变或产生电荷的特性，被广泛应用于传感和控制系统中。压电材料能够将机械运动或压力转换为电能，或者反过来将电能转换为机械运动，从而实现高精度的传感和执行功能。压电材料被用作智能阻尼系统的关键组成部分，能够根据路面条件和车辆运行状态实时调节悬挂系统的刚度，提高车辆的稳定性和乘坐舒适性。磁致伸缩材料（MFC）和光敏材料等智能材料也展现出优异的传感和控制能力。MFC 能够通过外加磁场实现长度变化，被用于精密仪器的位置控制和机械臂的运动调节。智能材料的传感和控制功能不仅提升了传统机械系统的智能化水平，还推动了新一代智能化产品的创新和发展。通过结合传感器技术和智能材料的特性，工程师可以设计出响应更加快速、效能更高的系统，实现更精确的控制和更灵活的操作。这种技术的应用不仅提升了产品的竞争力和市场吸引力，还为解决社会和环境问题提供了新的解决方案，如智能能源管理系统和智能医疗设备。

二、先进材料的分类

（一）基于功能的分类

1. 压电材料

压电材料，尤其是压电陶瓷，因其独特的压电效应而在传感器和执行器领域得到广泛应用，为机械设计带来了重要的技术突破和创新。这些材料能够在机械应力作用下产生电荷，并且在电场作用下产生机械运动，具备高灵敏度、快速响应和良好的稳定性，因而被广泛应用于各种要求精准控制和高效能传感的应用中。压电材料如压电陶瓷以其优异的传感特性在传感器技术中发挥重要作用。压电陶瓷通过机械振动或应力引起晶体结构的变形，从而产生电荷。这种电荷信号可以被放大和处理，用于检测和测量机械系统中的压力、应变、加速度等物理量。例如，在工业自动化中，压电陶瓷传感器被用于测量和控制机器人的动作和力度，确保生产线的精确操作和产品质量的稳定性。压电材料也被广泛应用于执行器技术中，用于将电能转换为机械运动。这种特性使得压电材料在精密仪器和精准控制系统中具备重要的应用价值。例如，压电陶瓷作为执行器能够通过调节电场的强度和方向实现微小运动和位置控制，被应用于光学设备的镜头调节、超声波医疗器械的振动控制以及飞行器上的机翼和舵面的精准调整。

压电材料的快速响应特性使其在高频振动和声波传感器中表现出色。压电陶瓷能够在极短的时间内响应来自外部环境的声波信号，并转换为电信号进行处理和分析。这使得压电材料在声学工程、通信技术和医学影像设备中有着重要的应用，如超声波传感器、声波扩散器和听诊器等设备的核心组成部分。除了传感和执行器应用外，压电材料还在能量收集和转换技术中展现出了广阔的应用前景。通过利用压电效应，压电材料能够将机械振动或运动转换为电能，用于供电或充电。这种技术被广泛应用于自动化系统、智能传感器网络和可穿戴设备中，以提高设备的能效和持久性。

2. 功能梯度材料

功能梯度材料（FGM）是一种特殊设计的材料，其组成和结构沿某一方向连续变化，以在不同区域内优化材料的性能，从而有效应对复杂工程问题和特定应用需求。这种材料设计的核心思想是利用逐渐变化的化学成分、微结构或物理性质，实现在单一材料体系内同时具备多种不同的功能特性，如热屏蔽、耐磨涂层等，为机械设计和工程应用带来了新的可能性和解决方案。

功能梯度材料在热屏蔽领域展现出了重要的应用潜力。热屏蔽材料需要在高温和极端环境下具备良好的热稳定性和热隔离性能，以保护结构和设备免受高温损伤。功能梯度材料通过在材料内部逐渐调整热导率和热膨胀系数，实现在不同温度梯度下的优化热管理。例如，陶瓷-金属功能梯度涂层（Ceramic-Metal FGM）能够有效地抵抗高温气流和火焰，广泛用于航空发动机和燃气轮机的热隔离部件。

功能梯度材料在耐磨涂层的应用中也表现出了独特的优势。耐磨涂层需要在高应力和摩擦条件下保持良好的耐磨性能和表面硬度，以延长设备和机械部件的使用寿命。功能梯度材料通过逐渐调整材料硬度、摩擦系数和表面润滑性质，实现了在不同工作条件下的优化耐磨性能。例如，钛合金-陶瓷功能梯度涂层（Ti-Al-C FGM）在飞机引擎涡轮叶片和轴承表面广泛应用，有效地减少了摩擦损失和磨损，提高了机械系统的效率和可靠性。功能梯度材料还在光学、电子、声学和生物医学等领域展示了广泛的应用潜力。在光学领域，光学功能梯度材料能够调控光的传输和反射特性，用于折射镜、光学透镜和激光设备的优化设计。在电子技术中，电子功能梯度材料能够优化电子导电性能和磁性特性，用于制造高性能电子元件和磁性存储介质。在声学和生物医学领域，声学和生物功能梯度材料能够调节声波传播和细胞相容性，分别用于声波隔音板和生物组织工程。

（二）基于应用领域的分类

航空航天材料是一类具有高性能要求和特定功能的先进材料，广泛应用于飞机、航天器和其他航空航天设备的关键部件。这些材料不仅要求具备优异的机械性能，如高强度、低密度和耐腐蚀性，还需要能够在极端的温度、压力和环境条件下保持稳定性和可靠性。基于其在航空航天领域的应用特点，航空航天材料可以分为几大类别，包括高温合金、碳纤维复合材料和先进陶瓷，每种材料都有其独特的机械设计分类和应用。高温合金是航空航天领域中常见的关键材料之一。这些合金通常由镍、钴或铁为基础，并添加其他元素如铬、钼、钛等，以提高其耐高温、耐氧化和抗腐蚀性能。高温合金广泛应用于喷气发动机的燃烧室、涡轮叶片和喷嘴等高温部件，其设计目的是在高温和高压环境下保持结构的稳定性和性能，确保发动机的安全可靠运行。这些材料具有优异的高温强度和抗氧化能力，是推动航空发动机技术进步的重要支柱之一。

碳纤维复合材料（CFRP）在航空航天领域中得到了广泛应用。CFRP 由碳纤维与树脂基体复合而成，具有极高的比强度和比刚度，同时具备优异的抗腐蚀性和疲劳寿命。这些特性使得 CFRP 在飞机结构件、机翼、垂直尾翼以及航天器的结构部件中得到了广泛应用。通过利用 CFRP 的设计优势，可以实现飞机结构的轻量化和燃料效率的提升，同时保证结构的强度和刚度，是现代航空航天设计中不可或缺的重要材料。先进陶瓷材料通常具有优异的耐热性、耐腐蚀性和机械性能，在高温和极端环境下表现出色。先进陶瓷被广泛应用于航天器的隔热材料、涡轮引擎部件、高压液体推进系统的喷嘴和阀门等关键部件。它们的设计目的是在高温、高速度和严酷空间条件下保持结构的稳定性和性能，从而确保航空航天设备的长期可靠运行和安全性。

第二节　先进材料在机械设计中的应用

一、先进材料在汽车工业设计中的应用

（一）轻量化材料

轻量化材料在汽车工业中的应用，如铝合金、镁合金和碳纤维复合材料，已成为提升车辆性能、节能减排和安全性的重要策略。这些先进材料通过减少整车重量，不仅有助于改善燃油效率，还能提升车辆的操控性、加速性能和抗碰撞能力，成为现代汽车设

计和制造的关键因素之一。

铝合金在汽车结构中的广泛应用，显著改善了车辆的轻量化水平。铝合金具有优异的强度和良好的加工性能，同时比传统的钢铁材料更轻。因此，它被广泛应用于车身、发动机和底盘等部件的制造中。通过采用铝合金车身结构，汽车制造商能够显著降低整车重量，从而提升燃油经济性，减少尾气排放，同时增加车辆的动态响应和驾驶舒适性。

镁合金也在汽车轻量化中发挥着重要作用。镁合金具有极高的比强度和比刚度，同时具备优异的耐腐蚀性和加工性能。尽管镁合金在比例上较铝合金稍低，但其轻量化特性使得它成为汽车制造中的理想选择，尤其适用于车身结构的关键部件如门板、引擎罩和悬挂系统。采用镁合金部件不仅有助于降低车辆的整体重量，还能有效提升车辆的节能性能和安全性，特别是在减少车辆惯性、提升加速响应和减少制动距离方面具有显著优势。

碳纤维复合材料作为一种先进的轻量化材料，在汽车工业中也日益受到重视和应用。碳纤维复合材料具有极高的比强度和比刚度，同时具备优异的抗疲劳性和耐腐蚀性能。它们被广泛应用于高性能汽车的车身、车顶、车门等部件，通过替代传统的金属材料，实现车辆整体重量的显著减轻。此外，碳纤维复合材料的设计灵活性和成型能力，使得车身结构可以更加复杂和精细化，同时不损害其整体强度和安全性能。

（二）高强度钢

高强度钢在提升车辆安全性能和乘员安全性方面发挥着显著作用。这种先进材料以其优异的强度和成本效益，成为车辆安全结构设计的核心材料之一，通过其在机械设计中的应用，有效提升了汽车的抗撞击能力、耐久性和整体安全性。高强度钢的广泛应用主要集中在汽车的安全结构上。这些钢材通常具有比传统碳钢更高的抗拉强度和抗压强度，同时保持较好的成型性能和焊接性能。在车身设计中，高强度钢被用于制造安全门梁、车顶梁和底盘结构等关键部件，这些部件在碰撞事故中承担着吸收和分散能量的作用。通过使用高强度钢，汽车制造商能够在保证结构强度的同时，实现车身结构的轻量化和简化，从而提升整车的燃油效率和操控性，同时保护车内乘员免受碰撞伤害。

高强度钢在汽车底盘和悬挂系统中的应用也是关键之处。底盘结构需要能够承受道路不平和动态负载，同时保持车辆的稳定性和操控性能。高强度钢材料的高强度和刚度使其成为制造底盘框架、悬挂臂和减震器支架等部件的理想选择，有效增强了车辆的结构刚性和耐久性。这些优势不仅提高了车辆的行驶稳定性和驾驶安全性，还延长了底盘部件的使用寿命，降低了维护成本和车辆故障率。高强度钢在汽车制动系统和发动机舱盖等部件的应用也逐渐增多。例如，在制动系统中，高强度钢材料可以有效减少制动器的变形和磨损，提升制动效率和响应速度；在发动机舱盖设计中，高强度钢能够有效保护发动机和相关设备免受外部冲击和热量影响，提高车辆的整体可靠性和安全性。

二、先进材料在能源行业设计中的应用

（一）光伏材料

高折射率光纤和光学元件作为光学材料的代表，通过其优异的光学性能和工程设计应用，显著提升了光信号传输效率和通信网络容量，推动了信息技术的发展和普及。高折射率光纤是光学通信系统中的核心组成部分之一。它通过具有比传统光纤更高的折射率，有效减少光信号在光纤中的传输损耗，提高了信号传输的距离和速率。高折射率光纤通常采用掺铒光纤、掺铥光纤和掺镨光纤，其制造过程涉及多种先进的光学材料技术，以保证其光学性能和稳定性。高折射率光纤的应用不仅限于通信主干网络，还包括数据中心、城域网和无线接入网络等多个应用场景。例如，通过在数据中心内部使用高折射率光纤，可以实现高速数据传输和大容量信息处理，支持云计算和大数据应用的高效运行。

光学元件作为光学材料的另一重要应用领域，广泛用于光学通信设备中的光学调制器、光开关、激光器和探测器等关键组件。这些光学元件通过材料选择和精密加工工艺，实现了光信号的调制、传输和检测功能，为光通信系统的稳定性和性能提供了关键支持。例如，利用光学调制器调制光信号的强度和相位，实现光信号的编码和解码，进而支持高速率、高容量的光通信传输；而光开关则通过控制光信号的路由和分配，实现光网络的灵活性和可靠性。光学元件的应用需要考虑到其对光学路径、稳定性和温度控制的要求，设计合适的支架和保护结构，以保证元件的长期稳定运行和优异的光学性能。随着光学通信技术的进步和市场需求的增长，新型光学材料如光子晶体、金属-半导体纳米结构和量子点等也逐渐被引入光学设备的设计和制造中。这些材料通过其特有的光学性质和微纳米结构，可以实现更高效的光子传导、光电转换和波导调制，推动了光学通信设备的性能提升和功能扩展。

（二）光学材料

通过先进材料的应用，光学通信设备能够实现更高的数据传输速率、更远的传输距离以及更稳定的信号传输质量，促进了信息社会的发展和普及。掺铒光纤因其在通信波段的优异性能而被广泛采用，它们在制造过程中需要精确控制的材料和光学特性，以确保在复杂的通信环境中稳定运行。高折射率光纤的应用不仅限于传输介质，还包括光纤连接器、光纤分配系统和光纤交叉连接等关键部件的设计和优化，以确保光学通信系统的稳定性和可靠性。

光学元件作为另一重要的光学材料应用领域，包括光学调制器、光开关、激光器和探测器等关键组件。这些元件通过材料的选择和精密的制造工艺，为光通信系统的高速、高效运行提供了技术支持。例如，光学调制器通过调控光信号的强度和相位，实现数据信号的编码和解码，支持复杂的光通信传输系统；光开关则用于光路的切换和路由，提高了光网络的灵活性和可管理性。光学元件的应用需要考虑到光学路径的精准控制、热管理和光学干扰的抑制，设计相应的支架、散热结构和光学隔离装置，以确保元件的稳定性和长期可靠性。随着光学通信技术的不断进步和市场需求的增长，新型光学材料如光子晶体、金属-半导体纳米结构和量子点等也开始被应用于光学设备的设计和制造中。这些材料通过其独特的光学特性和微纳米结构，实现了更高效的光子传导、光电转换和波导调制，推动了光学通信设备性能的进一步提升和功能的扩展。

第三节　先进材料在机械加工中的挑战与解决方案

一、先进材料在机械加工中面临的挑战

（一）硬度和耐磨性

1. 工具磨损

高强度合金因其优异的力学性能和耐腐蚀性被广泛用于航空航天、汽车制造和工程机械等领域。先进材料的广泛应用如高强度合金、陶瓷和复合材料，虽然极大地提升了产品的性能和耐久性，却也带来了新的挑战，特别是在机械加工领域中的工具磨损问题。这些材料通常具有较高的硬度和耐磨性，这在一定程度上加剧了传统切削工具的快速磨损，从而影响加工精度和效率。为了应对这一挑战，工程师们不断探索和开发新型刀具

材料，如超硬合金刀具和涂层刀具，以提升其耐磨性和使用寿命，同时保证高效的加工质量和成本效益。

陶瓷材料因其优异的耐高温、耐磨和电绝缘性能，在汽车制造、航空航天和医疗设备等领域得到了广泛应用。然而，陶瓷材料的高硬度和脆性使得其在机械加工过程中容易产生裂纹和断裂，从而限制了其大规模应用。传统的切削工具往往难以有效地加工陶瓷材料，因为这些材料对刀具的磨损极为敏感，容易导致加工质量不稳定和加工效率低下。为解决这一问题，工程师们研究开发了针对陶瓷材料的特殊切削工艺，包括超声波加工、电火花加工和激光加工等非传统加工技术，以及采用钻石磨具和 CBN 磨具等先进磨削工具，以提升加工效率和成品质量。

复合材料由于其轻质高强和优异的抗腐蚀性能，在航空航天、汽车制造和体育器材等领域广泛应用。然而，复合材料通常由多种不同材料组成，如碳纤维增强塑料（CFRP）、玻璃纤维增强塑料（GFRP）和金属基复合材料（MMC），每种材料都具有独特的物理和化学性质，对切削工具的耐磨性和加工精度提出了更高的要求。由于复合材料的非均质性和各向异性，传统切削工具在加工过程中容易引起材料层间剥离、纤维损伤和表面毛刺，影响加工质量和工件性能。为应对复合材料加工的挑战，工程师们开发了专用的切削工具和刀具技术，如超硬合金刀具、聚晶金刚石刀具和复合涂层刀具，以及采用高速切削、磨粒磨削和超声振动加工等先进加工技术，以提升切削效率和加工精度，同时降低加工过程中对工件的损伤。

2. 切削困难

随着先进材料如高强度合金、陶瓷和复合材料的广泛应用，机械加工面临着越来越多的挑战，特别是在切削困难和切屑控制不佳方面。这些材料通常具有高硬度、高强度、耐磨性强等特点，这些优势使它们在航空航天、汽车制造和医疗设备等领域得到广泛应用，但同时也带来了加工过程中的诸多技术难题。

高强度合金是一类因其优异的力学性能和耐腐蚀性而广泛应用于工程领域的材料。高硬度使得刀具容易磨损和失效，加工过程中可能出现切削困难、切屑控制不佳等问题，影响加工精度和效率。为应对这些挑战，工程师们不断探索和优化切削工艺，选择合适的刀具材料和切削参数，如硬质合金刀具、涂层刀具和高速切削技术，以提高切削效率和工件加工质量。然而，由于其高硬度和脆性，陶瓷材料在机械加工过程中容易产生裂纹和断裂，传统切削工具往往难以有效地加工这类材料。加工过程中可能面临切削困难、表面质量不稳定等问题，需要采用专门的切削工艺和刀具技术，如超声波加工、电火花加工和激光加工等非传统加工方法，以克服材料的脆性和提高加工精度。

（二）脆性和易裂性

1. 工件损伤

一些先进材料如陶瓷和高性能合金因其优异的物理和化学性能，广泛应用于航空航天、汽车制造和医疗设备等领域。然而，这些材料通常具有较高的脆性和易裂性，这给机械加工过程带来了诸多挑战，特别是在工件损伤的问题上。陶瓷在机械加工过程中极易产生裂纹和损伤。传统的切削工具和加工方法往往难以有效控制切削过程中的温度和力学应力，容易导致材料表面的裂纹和断裂，严重影响加工精度和最终工件质量。为了克服这一挑战，工程师们积极探索和应用新型的非传统加工技术，如超声波加工、电火花加工和激光加工等，这些技术能够减少热影响和机械应力，从而有效降低陶瓷材料在加工过程中的损伤风险，提高加工效率和成品质量。

高性能合金因其优异的力学性能和耐腐蚀性，在航空航天和重型机械制造等领域得到广泛应用。然而，这些合金材料往往具有复杂的组织结构和成分，对切削工具的耐磨性和加工精度提出了极高的要求。传统的切削工具可能难以有效控制切削过程中的刀具温度和切削力，容易导致高性能合金表面的剥落、粗糙度增加和变形，影响最终工件的尺寸精度和表面质量。为应对这一挑战，工程师们引入了先进的刀具涂层技术和高速切削加工方法，如刀具涂层增强耐磨性、降低切削温度，以及采用数控加工系统和刀具动态调整技术，实现对高性能合金材料精确和高效的加工，最大限度地减少损伤和废品率。除此之外，工程师们还通过优化加工工艺参数、精确控制刀具进给速度和切削深度，以及引入自动化和智能化技术，如机器人辅助加工和实时监控系统，来提高加工过程中对材料损伤的控制能力。这些技术的应用不仅提升了生产效率和加工质量，还有效降低了能耗和成本，推动了先进材料在制造业中的广泛应用和发展。

2. 加工方法选择

精确控制切削力是降低裂纹产生的关键因素之一。传统的切削工具在加工硬度较高的材料时，易造成过大的切削力，从而导致材料的应力集中和表面裂纹的形成。为了减少切削力对材料的影响，工程师们通常选择采用高速切削技术和精密刀具，通过提高切削速度和减小切削深度，有效控制切削力的大小，从而减少材料的应力集中和裂纹的产生。

精确控制加工温度也是降低裂纹产生的重要手段之一。高性能材料在加工过程中，由于切削热量的积累和材料本身的热导性能，易导致局部区域温度的升高，进而影响材料的结构稳定性和力学性能。为了有效控制加工温度，工程师们可以采用刀具冷却液的喷洒、高速切削和干切削等技术手段，通过降低切削区域的温度，减少材料的热影响区域，从而减少裂纹的形成和扩展。除了以上技术手段外，还可以通过优化加工工艺参数和采用先进的加工设备来进一步降低裂纹的风险。例如，使用高精度数控机床和自动化加工系统，可以实现对加工过程的精确控制和实时监测，确保切削参数的稳定性和一致性，减少由于加工误差和材料反复应力导致的裂纹问题。工程师们还需结合具体材料的特性和加工要求，选择合适的刀具材料和涂层技术，以提高切削效率和刀具的耐磨性，进一步减少加工过程中对材料的损伤和表面缺陷的产生。

（三）高温和化学反应

1. 热影响

对于某些先进材料，在机械加工过程中面临的热影响问题，尤其是在高温环境下，确实是一个挑战。这些材料如高温合金、陶瓷和复合材料，因其在高温下可能发生相变、氧化或热膨胀等现象，对加工过程中的稳定性和质量造成显著影响。高温环境下材料可能发生相变。例如，高温合金在加工过程中，由于其成分复杂和微观组织特性，容易在高温下发生晶粒生长或相分解，导致材料的结构变化和力学性能下降。这种相变不仅会影响工件的加工精度和尺寸稳定性，还可能导致工件在使用过程中的寿命问题。为了减少相变对材料性能的影响，工程师们通常需要采用精密的加工工艺和精确控制的加工参数，以减少材料在高温下的暴露时间和热影响区域，保持材料的结构稳定性和机械性能。

高温环境下材料可能发生氧化反应。一些金属材料如钛合金和镍基合金，在高温下容易与空气中的氧气发生反应，形成氧化物膜或表面氧化层。这些氧化物膜不仅会增加材料的表面粗糙度，降低工件的表面质量和精度，还可能影响材料的力学性能和耐腐蚀性能。为了减少氧化反应对材料表面质量的影响，工程师们常常采用防氧化涂层、惰性气体保护和低氧化性加工环境等措施，有效降低氧化层的形成速率和影响程度，保证材料的加工质量和性能稳定性。

高温环境下材料的热膨胀特性也是一个重要考虑因素。材料由于温度的变化会发生热膨胀，导致工件尺寸变化和形状失真。特别是对于复合材料等高性能材料，其热膨胀系数通常较低，但仍需在加工过程中精确控制加热和冷却速度，以避免因热膨胀引起的工件变形和尺寸不稳定性。工程师们通常通过预热工艺、定制加工工具和精确的加工控制系统来减少热膨胀对加工质量的负面影响，确保工件在加工后的尺寸精度和形状稳定性。

2. 化学反应

对于具有特定化学反应性的材料，在机械加工过程中面临的挑战主要集中在如何选择合适的加工环境和工艺控制，以减少材料与切削液、润滑剂或加工环境中气氛的化学反应，确保加工过程的稳定性和工件质量。许多高性能材料如镍基合金、钛合金和高温陶瓷，在加工过程中对加工环境中的气氛十分敏感。这些材料可能与空气中的氧气、水蒸气或其他气体发生氧化、还原或化学腐蚀反应，导致表面质量的下降、结构性能的变化甚至是材料性能的损失。为了避免这些化学反应对材料性能和加工质量的影响，工程师们通常会选择在惰性气氛，如氩气、氮气等气体环境中进行加工，以减少材料与氧气等有害气体的接触，保护材料的表面和结构不受损害。

某些材料可能在接触到常规切削液或润滑剂时产生化学反应。传统的切削液或润滑剂中可能含有碱性或酸性物质，当与特定材料接触时，可能引发腐蚀或化学变化，影响加工表面的质量和材料的耐久性。为了减少这种化学反应的影响，工程师们会选择使用专门设计的切削液或润滑剂，如 PH 值调节合适的环境，以确保加工液体不会对材料表面产生不利的化学影响，同时保持良好的切削效果和加工质量。对于某些高反应性材料，如光学玻璃或特殊合金，其在加工过程中可能需要避免使用传统的切削液和润滑剂，而是采用干切削或者低摩擦加工技术，以减少化学反应的可能性，同时保持材料的表面质量和加工精度。

（四）精度和表面质量要求

1. 微观结构影响

纳米材料的均匀性是影响加工结果的关键因素之一。纳米材料的制备过程中，晶粒尺寸通常在纳米级别，而且材料的分散性和均匀性要求非常高。如果材料中存在不均匀性或者晶粒尺寸差异较大，会导致加工时的材料表面不均匀或者部分区域的加工质量下降，从而影响最终产品的性能和寿命。工程师们通常会采用先进的分散技术和加工工艺，确保纳米材料在加工过程中的均匀性和一致性，保持材料的稳定性和加工后的一致性。

纳米材料的晶粒尺寸对加工精度和表面质量也有显著影响。晶粒尺寸小的材料具有较高的强度和硬度，但也可能在加工过程中表现出更高的脆性和易裂性。这使得工程师们在选择切削工具、加工参数和加工路径时，必须考虑材料的微观结构特征，以避免由于晶粒尺寸对切削力和加工热量传递的影响而导致的加工困难或者工件损伤。为了应对这些挑战，可以采用精密加工工具、低切削速度和高精度加工路径，有效控制加工过程中的热影响和力学应力，从而保持材料的微观结构稳定性和加工后的整体质量。

纳米材料的特殊表面性质也可能对加工过程产生意想不到的影响。由于其高表面能和化学反应性，纳米材料在与切削工具或加工液体接触时可能表现出与传统材料不同的加工行为，例如易于吸附切削液和加工环境中的有害气体，影响切削效率和加工质量。因此，工程师们在选择切削液和润滑剂时，需要考虑其与纳米材料的相容性和影响，以确保加工过程中的稳定性和材料表面的质量。

2. 后续处理困难

某些先进材料在经过初步加工后，可能需要进行后续处理，如热处理、表面处理等，以调整其组织结构或改善其性能。然而，这些后续处理过程往往面临诸多挑战，对加工精度、表面质量和材料性能提出更高要求，需要工程师们在选择适当的处理方法和控制技术时极为谨慎。对于一些高性能合金和特殊金属，例如镍基合金、钛合金等，它们经常需要经过复杂的热处理过程，以调整其晶粒结构、减少残余应力或提高材料的耐热性和机械性能。然而，这些合金由于其高硬度、高强度和高温稳定性，使得在热处理过程中对加工设备和工艺条件提出了极高的要求。例如，需要严格控制加热速率和冷却速率，以避免晶粒长大、组织不均匀或形成不良的相变结构，从而影响材料的最终性能和使用寿命。

某些先进材料在表面处理过程中也存在挑战。例如，对于陶瓷和复合材料等非金属材料，其表面处理通常涉及复杂的化学或物理过程，以增强其表面硬度、耐磨性或改善其光学性能。然而，由于这些材料的特殊性质，如高脆性、易碎性或化学反应性，使得在表面处理过程中需要避免产生裂纹、层状剥落或化学变化，从而保持材料的整体性和稳定性。

对于纳米材料和功能性材料，其后续处理往往需要考虑到微观结构和表面性能的高度保持。由于这些材料具有较小的晶粒尺寸和特殊的表面特性，任何后续处理过程中的误操作或不当操作都可能导致材料结构的不可逆变化或性能的丧失。因此，工程师们需要采用先进的分析技术和控制手段，例如扫描电镜、X 射线衍射等，精确评估材料的微观结构变化和性能参数，以制定适当的后续处理方案。

二、先进材料在机械加工中的解决方案

（一）专用工具与技术开发

针对碳纤维增强复合材料（CFRP）等复合材料的特殊性质，工程师们开发了超硬合金刀具。这些刀具通常采用硬质合金或聚晶金刚石（PCD）材料制成，具有极高的硬

度和耐磨性，能够有效抵抗复合材料加工过程中产生的高切削力和高温。与传统刀具相比，超硬合金刀具在加工 CFRP 时能够显著提高切削效率，减少刀具磨损，延长刀具寿命。此外，这些刀具通常设计有特殊的刀具几何形状和涂层技术，以减少切削力和热量的积累，避免复合材料分层、起毛或热损伤，提高工件的表面质量。

为了应对复合材料加工中常见的热影响问题，工程师们开发了先进的冷却和润滑技术。例如，通过采用低温冷却液、微量润滑技术或干切削技术，可以有效控制加工区域的温度，减少热膨胀和热裂纹的产生，保持材料的结构稳定性和表面完整性。特别是微量润滑技术，在提供有效冷却和润滑的同时，能够减少润滑剂的使用量，降低环境污染和加工成本，提高整体加工效率。为了提高复合材料的加工精度和表面质量，工程师们还开发了高精度数控机床和自动化加工系统。这些设备通常配备先进的控制系统和传感技术，能够实现对加工过程的实时监测和精确控制。通过采用高精度数控机床，能够实现复杂曲面和精细结构的高效加工，满足航空航天、汽车制造和电子工业等高精度、高质量要求。

针对复合材料加工过程中可能产生的微观结构变化和表面缺陷，工程师们还开发了先进的表面处理和后续加工技术。例如，通过采用激光加工、超声波加工和电火花加工等非传统加工方法，可以有效减少机械切削对材料表面的损伤，提高加工精度和表面质量。激光加工技术，利用高能激光束对材料进行非接触加工，能够实现高精度、高效率的切割、打孔和刻蚀，适用于复杂形状和高硬度材料的加工。超声波加工技术，通过超声波振动辅助切削，能够减少切削力和热量的产生，避免复合材料的分层和热损伤，提高表面质量。

（二）精确的加工参数控制

通过合理优化和控制切削速度、进给速度和切削深度等加工参数，可以有效减少材料损伤和工具磨损，提升加工精度和表面质量。切削速度是影响加工过程的重要参数之一。对于不同的材料，选择合适的切削速度至关重要。例如，对于硬度较高的先进材料如钛合金和陶瓷，较低的切削速度可以减少切削力和热量的产生，避免材料表面出现热变形和裂纹。而对于一些复合材料，如碳纤维增强复合材料（CFRP），适当的切削速度可以减少纤维拉丝和树脂分层，保持工件表面的光洁度。通过实验研究和实际加工数据积累，工程师们可以制定出不同材料的最佳切削速度范围，确保加工过程的稳定性和高效性。进给速度也是影响加工质量的重要因素。进给速度过高会导致切削力增大，增加刀具磨损和材料表面损伤的风险；而进给速度过低则可能导致加工效率低下，刀具容易产生积屑瘤，影响表面质量。因此，通过对不同材料的切削性能进行分析和测试，工程师们可以确定最佳的进给速度，以平衡加工效率和加工质量。例如，对于高硬度的陶瓷材料，较低的进给速度可以减少加工过程中的脆性破裂；而对于软质的金属材料，适中的进给速度可以提高切削效率，保持表面光洁度。

切削深度是影响材料去除率和加工精度的关键参数。合理的切削深度可以有效控制切削力和切削热，减少材料的热变形和刀具磨损。例如，对于脆性材料，如硅晶体和高硬度合金，较小的切削深度可以避免材料表面出现裂纹和崩边，保持加工精度和表面质量。而对于塑性较好的材料，如铝合金和铜合金，适中的切削深度可以提高材料去除率，提升加工效率。通过结合材料的力学性能和热学特性，工程师们可以优化切削深度参数。为了实现加工参数的精确控制，先进的数控技术和智能化加工系统发挥了重要作用。现代数控机床配备了高精度的传感器和实时监控系统，能够对加工过程中的切削力、温度和振动等参数进行实时监测和调整。例如，通过实时监测切削力和振动信号，系统可以动态调整切削速度和进给速度，以避免刀具过载和材料损伤；通过温度传感器监测加工区域的温度变化，系统可以调整切削参数和冷却策略，以减少热变形和材料热损伤。此外，智能化加工系统可以基于大数据分析和机器学习算法，对不同材料和加工条件进行优化，提供最佳的加工参数组合，提高加工效率和质量。

（三）复合材料的辅助加工方法

复合材料因其独特的结构和性能特点，常常面临传统加工方法无法有效解决的问题。为了克服这些挑战，工程师们采用了一些辅助加工方法，如超声波加工和水射流切割。这些方法能够有效减少热损伤和机械损伤，尤其适用于对表面质量要求高的复合材料加工。超声波加工是一种利用高频振动辅助切削的加工技术。其原理是通过将超声波振动能量传递给切削工具，使工具在切削过程中产生微小的高频振动。这种振动能够显著降低切削力，减少加工过程中产生的热量，从而有效减少热损伤。此外，超声波加工还能减少机械损伤，特别是在加工脆性材料如陶瓷基复合材料时，能够显著减少裂纹和崩边的产生。由于超声波加工能够实现高精度和高质量的表面加工，广泛应用于航空航天、医疗器械等对表面质量要求极高的领域。

水射流切割是一种利用高压水流进行材料切割的技术。其原理是通过将水加压至极高的压力，然后通过小孔喷射出来，形成高速水射流，这种水射流可以携带磨料（如砂粒）以增加切割能力。水射流切割的优势在于其冷加工特性，即在切割过程中产生的热恋能够随着水流快速散失，避免材料热损伤和热变形，特别适用于对热敏感的复合材料加工。此外，水射流切割还具有无应力、无毛刺、切割面光滑等优点，能够实现高质量的切割效果。水射流切割广泛用于航空航天、汽车制造、电子产品等行业。除了上述两种辅助加工方法，还有其他一些技术也被应用于复合材料的加工中。例如，激光加工是一种利用激光束进行材料去除的技术，具有高精度、高速度和非接触加工的特点。激光加工可以通过精确控制激光束的能量和焦点，实现对复合材料的微细加工，保持材料的完整性和表面质量。电火花加工（EDM）也是一种有效的辅助加工方法，特别适用于导电性较好的复合材料。其原理是利用放电产生的高温熔化和汽化材料，进行精确的材料去除。电火花加工能够实现高精度的复杂形状加工，并且不受材料硬度的限制，但需要注意的是，EDM 在加工过程中可能会产生微小的热影响区，需要通过优化工艺参数进行控制。

（四）材料表面处理与涂层应用

先进材料的特殊性质常常带来加工中的挑战，如快速工具磨损和工件表面损伤。为解决这些问题，应用特殊的表面处理和涂层技术是关键。这些技术不仅能增强材料的耐磨性和耐蚀性，从而延长工具寿命，还能提高加工质量。

表面处理技术，如热处理和化学处理，能够显著提高材料的硬度和耐磨性。热处理通过加热和冷却的控制改变材料的内部结构，提升其机械性能。例如，淬火和回火可以增加钢材的硬度和韧性，使其更适合用于切削工具和模具制造。化学处理，如渗氮和渗碳，可以在材料表面形成一层硬化层，提高材料的耐磨性和抗疲劳性能。这些表面处理方法在提高工具和工件表面质量方面发挥了重要作用，广泛应用于航空航天、汽车制造和模具制造等领域。涂层技术，如物理气相沉积（PVD）和化学气相沉积（CVD），在机械加工中具有重要应用。这些技术可以在工具和工件表面沉积一层超硬涂层，如氮化钛（TiN）、碳化钛（TiC）和氮化铬（CrN），显著提高其耐磨性和耐蚀性。PVD 涂层通过高温下的物理过程将涂层材料蒸发并沉积在基材表面，形成均匀而致密的涂层。CVD 涂层则通过化学反应在基材表面形成涂层，通常涂层厚度较大且附着力强。这些涂层技术能够有效减少加工过程中产生的摩擦和热量，延长工具寿命，提高加工效率和表面质量。

纳米涂层技术的发展为提高材料性能提供了新的解决方案。纳米涂层具有超高硬度和超低摩擦系数，能够在工具和工件表面形成一层致密的保护膜。例如，采用纳米结构的金刚石涂层可以显著提高工具的耐磨性和热稳定性，适用于高硬度材料的加工。纳米涂层的应用在航空航天、电子制造和精密加工等高端制造领域展现了巨大的潜力。除了工具和工件表面的处理，先进材料在机械加工中的应用还包括对加工环境的优化。例如，通过采用高性能切削液和润滑剂，可以有效降低加工过程中的摩擦和温度，提高加工质量。先进的切削液如纳米润滑剂和生物降解切削液，不仅具有良好的润滑和冷却性能，还能减少环境污染和操作成本。这些切削液通过在加工过程中形成一层保护膜，减少刀具和工件表面的直接接触，降低磨损和热损伤。

第四节　先进材料和机械设计的发展趋势

一、材料数据库和计算材料学

随着计算能力的提升和数据科学的发展，材料数据库和计算材料学正逐渐成为新材料开发的重要工具，为机械设计的未来发展提供了强有力的支持。通过计算模拟和大数据分析，这些技术能够快速筛选和优化材料组合，显著缩短研发周期，提高材料性能，推动机械设计向更加高效、智能和创新的方向发展。

材料数据库为新材料的开发提供了丰富的资源和数据支持。现代材料数据库包含了大量关于材料性质、性能和应用的详细信息，这些数据经过系统化整理和标准化处理，方便研究人员进行查阅和分析。例如，材料的力学性能、热学性能、化学性质等关键参数都可以通过数据库快速获得。研究人员可以根据具体的设计需求，查找并筛选出符合要求的材料组合，避免了传统材料筛选过程中烦琐和费时的实验步骤，显著提高了研发效率。

计算材料学通过计算模拟技术，为新材料的设计和优化提供了强大的工具支持。计算材料学结合了量子力学、分子动力学和有限元分析等多种先进的计算方法，可以在微观和宏观尺度上对材料进行精确模拟。例如，通过量子力学计算，可以预测材料的电子结构和能带分布，揭示材料的导电性和光学性能；通过分子动力学模拟，可以研究材料在不同温度和应力条件下的力学行为和相变过程。有限元分析可以对复杂结构中的应力分布和变形情况进行模拟和优化。计算材料学不仅能够加速新材料的发现和筛选，还可以指导材料的合成和加工，为机械设计提供了更加科学和精确的依据。

大数据分析在材料研究中发挥着越来越重要的作用。材料研发过程中产生的大量实验数据和模拟数据，通过大数据分析技术，可以揭示材料性能与结构之间的内在联系，发现影响材料性能的关键因素。例如，通过机器学习算法，可以从大量实验数据中提取特征，建立材料性能的预测模型，优化材料配方和工艺参数。大数据分析还可以帮助研究人员发现新材料的潜在应用领域，拓展材料的应用范围，提高材料的综合性能。

二、轻量化设计

轻量化设计是现代机械设计中的一项重要趋势，特别是在航空航天、汽车制造和风能等领域。随着技术的进步和市场需求的增加，轻量化设计在提高能效、减少燃料消耗和提升产品性能方面发挥着越来越重要的作用。先进复合材料，如碳纤维增强复合材料（CFRP）和玻璃纤维增强复合材料（GFRP），以其高强度和低密度的特性，使得结构重量显著降低，从而推动了机械设计向更高效、更环保的方向发展。

先进复合材料在航空航天工业中的应用取得了显著成果。传统金属材料如铝合金和钛合金虽然具有较高的强度和耐腐蚀性能，但其密度较大，限制了轻量化设计的实现。相比之下，碳纤维增强复合材料具有比强度和比刚度高、密度低等优点，使其成为航空航天领域的理想选择。例如，波音 787 和空客 A350 等现代客机在结构中大量使用了碳纤维增强复合材料，通过减轻飞机重量，实现了显著的燃油效率提升和航程延长。此外，复合材料的耐腐蚀性能和疲劳性能优异，能够显著延长飞机的使用寿命。这些优势使得复合材料在航空航天工业中的应用前景广阔，成为未来飞机设计的重要趋势。

汽车制造业对轻量化设计的需求也日益增长。随着环保法规的日益严格和消费者对燃油经济性要求的提高，汽车制造商纷纷寻求通过轻量化设计来减少车辆重量、降低燃油消耗和减少排放。先进复合材料如玻璃纤维增强复合材料和碳纤维增强复合材料在汽车结构件中的应用，能够显著减轻车辆重量，提高燃油效率。例如，宝马 i3 电动车在车身结构中采用了大量的碳纤维增强复合材料，使整车重量显著降低，提升了电池续航里程。此外，复合材料还被广泛应用于汽车的悬挂系统、座椅骨架和内饰件中，通过减轻重量、提高强度和改善安全性能，推动汽车轻量化设计的发展。

风能产业也受益于轻量化设计的推动。风力发电机叶片是风能利用的核心部件，其性能直接影响风电机组的发电效率和经济效益。采用先进复合材料制造的风力发电机叶片，具有重量轻、强度高、疲劳性能好等优点，能够提高叶片的转速和发电效率。例如，采用碳纤维增强复合材料制造的风力发电机叶片不仅能够显著减轻叶片重量，还能够增加叶片长度，提高风电机组的发电能力。随着风能产业的发展，轻量化设计在提高发电效率、降低成本和延长设备寿命方面将发挥越来越重要的作用。轻量化设计还推动了机械设计向更加环保和可持续发展的方向迈进。通过减少材料使用和降低能耗，轻量化设计能够有效减少资源消耗和环境污染，符合绿色制造和循环经济的发展理念。未来，随着复合材料技术的不断进步和应用范围的扩大，轻量化设计将在更多领域发挥重要作用，如船舶制造、轨道交通和建筑工程等。

三、增强结构性能

通过使用先进材料，机械结构的强度、刚度和耐疲劳性可以显著提高，从而满足各种严苛的工程需求。金属基复合材料（如铝基和镁基复合材料）以及陶瓷基复合材料因其在高温和高压环境中的优异性能，得到了广泛应用，特别是在高性能发动机和涡轮机中，这不仅提升了设备的可靠性和使用寿命，还推动了机械设计向更高效、更先进的方向发展。金属基复合材料在增强结构性能方面展现出了巨大的潜力。铝基复合材料由于其高强度、低密度和良好的导热性，广泛应用于航空航天、汽车制造和建筑工程中。例如，铝基复合材料被用来制造飞机的机身和机翼结构，能够在保证强度和刚度的同时，显著减轻飞机重量。此外，镁基复合材料由于其极低的密度和良好的机械性能，成为汽车制造业中轻量化设计的理想选择。通过使用镁基复合材料，汽车的整体重量可以显著降低，从而提高燃油经济性，符合环保和节能的发展趋势。

陶瓷基复合材料在高温和高压环境中的优异性能，使其在高性能发动机和涡轮机中得到了广泛应用。陶瓷基复合材料具有极高的耐热性和耐腐蚀性，能够在高温环境下保持良好的力学性能。例如，碳化硅陶瓷复合材料被广泛应用于燃气涡轮机的涡轮叶片和燃烧室中，其耐高温性能和抗氧化性能显著提升了涡轮机的热效率和使用寿命。同样，在航空发动机中，陶瓷基复合材料可以承受极高的温度和应力，从而提高发动机的推力和燃油效率。这些应用不仅提升了设备的可靠性，还延长了使用寿命，减少了维护成本。先进材料的使用还推动了智能化和功能化机械结构的发展。通过将传感器和智能材料集成到机械结构中，可以实现实时监测和自我修复功能。例如，形状记忆合金和压电陶瓷材料能够在外界刺激下自动调整结构形状和性能，从而提高设备的适应性和自我修复能力。这种智能化设计不仅增强了机械结构的性能，还为未来的机械设计提供了新的思路和方向。

四、多功能材料

未来的机械设计将更多地采用多功能材料，以实现更高效、更智能和更长寿命的机械设备。多功能材料具备多种独特功能，例如自修复材料、智能材料和功能梯度材料，这些材料能够在不同环境条件下表现出优异的性能，为机械设计带来了全新的发展方向。自修复材料在未来机械设计中将发挥重要作用。自修复材料具有在受损后能够自动修复的能力，从而显著延长机械部件的使用寿命。这类材料可以通过多种机制实现自修复，例如通过嵌入微胶囊释放修复剂、使用形状记忆合金在加热后恢复形状，或者利用聚合物材料在裂纹形成后自动愈合。应用自修复材料的机械设备在遭受微小损伤时无须频繁更换部件或进行复杂维修，从而减少维护成本，提高设备的可靠性和使用效率。例如，自修复聚合物在航空航天领域的应用，可以显著提升飞机结构的耐久性和安全性，避免因小裂纹导致的重大事故。

智能材料在未来机械设计中的应用前景广阔。智能材料能够响应环境变化（如温度、压力、电场、磁场等）产生相应变化，使得机械设备能够适应复杂多变的工况。例如，形状记忆合金在温度变化时可以自动恢复预定形状，被广泛应用于自适应结构、微执行器和传感器中。压电陶瓷材料能够在受到机械应力时产生电荷，适用于高精度传感和控制系统。此外，磁流变液和电流变液材料在磁场或电场作用下能够迅速改变其流变特性，使得其在减振、阻尼和柔性机械臂等领域具有重要应用。这些智能材料的引入，使得机械设备能够实时调整其性能，适应复杂多变的工作环境，提高了设备的智能化水平和操作灵活性。功能梯度材料在未来机械设计中也将得到广泛应用。功能梯度材料的组成和结构沿某一方向连续变化，以满足不同区域的性能需求。例如，在高温和高压环境中，功能梯度材料可以在外层具有高耐热性和耐腐蚀性，而在内层具有高强度和韧性，从而兼具多种性能优势。这类材料在热屏蔽和耐磨涂层中表现出优异的性能。例如，功能梯度陶瓷材料在燃气涡轮机叶片上应用，可以有效提高叶片的抗热震性和耐久性，从而提高涡轮机的效率和寿命。

第八章　机械设计中的创新与发展

第一节　创新在机械设计中的重要性与价值

一、创新在机械设计中的重要性

（一）应对复杂问题

面对复杂的工程问题时，传统方法往往会显得力不从心。然而，通过创新的方法，我们能够找到更为有效的解决方案。创新在机械设计中的重要性尤为突出，它不仅仅是改变设计思路，更是引领技术进步和行业发展的关键。传统的机械设计方法往往基于已有的模式和经验，但在面对新的挑战和复杂问题时，这些方法可能显得束手无策。这时，创新的思维方式能够打破思维定势，为设计师提供全新的视角和解决路径。例如，仿生设计就是一种通过借鉴自然界结构和功能的创新方法，已经成功地解决了一些传统设计中难以克服的问题。仿生设计的典型例子包括鲨鱼皮纹理在船体表面的应用，模仿减阻效应；还有鸟类飞翔动作对飞行器设计的影响。这些案例不仅仅是单纯的模仿，更是通过深入理解自然界的精妙设计，将仿生设计应用于工程实践中，取得了显著的效果。

创新在机械设计中的重要性体现在多个方面。它推动了技术的进步。随着科学技术的发展和社会需求的变化，新材料、新工艺的应用不断涌现，这些都需要设计师有创新的眼光和方法去应对。创新能够提高产品的竞争力。在竞争激烈的市场环境下，创新不仅是产品差异化的重要手段，也是企业持续发展的动力源泉。再者，创新可以降低成本和提高效率。通过创新设计，可以优化产品结构，从而降低成本，提升整体经济效益。创新还能够拓展设计师的思维空间和想象力。它鼓励设计师跳出传统的框架，勇于尝试新的理念和技术，从而推动整个行业向前发展。在面对复杂问题时，创新的精神能够激发团队的合作和创造力，促进设计过程中的各种创新想法的涌现和实现。

（二）提升安全性

我们可以开发出更安全、更可靠的机械设备，从而有效减少事故发生的概率，保障操作人员和设备的安全。传统的机械设备安全设计主要依靠结构强度和材料选择来确保设备在正常工作条件下的安全性。然而，随着技术的进步和社会需求的变化，单纯依靠传统设计方法可能无法完全满足现代复杂工业环境下的安全要求。因此，创新在机械设计中的应用显得尤为重要。创新技术如智能传感器和自动控制系统的应用极大地增强了设备的安全性能。智能传感器能够实时监测设备的工作状态和环境条件，通过数据分析预测潜在的故障和危险，及时采取措施避免事故发生。例如，当传感器检测到设备运行温度异常或是某些部件的工作负荷超出安全范围时，可以自动发出警报或是停机保护，从而避免设备因过载或过热而损坏或引发安全事故。

自动控制技术的应用使得设备的操作更加智能化和可靠。自动化系统能够实现对设备各项功能的精确控制，减少了人为操作带来的错误和安全隐患。例如，自动控制系统可以根据实时的生产需求调整设备的运行模式和速度，确保设备在最高效率下运行的同时，保持操作人员的安全性。创新设计还包括材料科学和工艺技术的进步，这些都对提升机械设备安全性起到了关键作用。新型材料的应用使得设备在保持结构强度的同时能够减轻重量，提高运行效率；先进的工艺技术则保证了制造过程中的质量和精度，减少了因制造缺陷而引发的设备故障和安全事故。

二、创新在机械设计中的价值

（一）推动行业发展

1. 技术进步

在当今的工业界和科技领域，创新不仅是推动机械设计技术进步的关键动力，更是塑造未来发展方向和提升竞争力的重要战略。特别是新型传感器和控制系统的应用，显著提升了机械设备的智能化水平，为企业带来了诸多实际和战略上的价值。传统的机械设备设计注重结构强度和功能实现，但随着科技的不断进步和市场需求的变化，单一的设计方法已无法满足多样化和高效率生产的要求。因此，引入新型传感器和控制系统的创新应用，成为改善机械设备智能化的重要途径之一。新型传感器的应用极大地增强了机械设备的感知能力和数据处理能力。传感器可以实时监测设备的运行状态、环境条件和工作负载，通过数据采集和分析，为企业提供了关键的运营数据和预测能力。这种智能化的监控系统能够帮助企业及时发现设备的异常情况，预防潜在的故障和停机，从而提升生产效率和设备可靠性。

控制系统的智能化应用使得设备操作更加精确和高效。传统的手动操作可能存在误差较大和效率低下的问题，而自动化控制系统则通过预设的算法和实时反馈，实现对设备各项功能的自动调节和优化。例如，自动化控制系统可以根据生产需求调整设备的运行速度、加工精度和能耗控制，从而在保证产品质量的同时提升生产效率和成本效益。创新设计还促进了机械设备在技术含量和市场竞争力上的提升。通过引入新技术和材料科学的进步，企业可以设计出更加先进和功能强大的产品，满足市场对高质量、高效能设备的需求。这不仅提升了产品的市场竞争力，也增强了企业在行业内的声誉和地位。

2. 市场竞争力

在当今全球化和竞争激烈的市场环境中，创新设计不仅仅是赋予企业独特竞争优势的关键，更是确保企业在市场上保持领先地位的重要策略。特别是在机械设计领域，创新设计通过引入新技术、改进产品功能和提升用户体验，不仅能够巩固企业在市场中的地位，还能够开拓新的市场空间，增强企业的市场竞争力。创新设计能够带来产品差异化和市场定位。在同质化竞争激烈的市场环境中，企业必须通过创新设计来区别于竞争对手，赢得消费者的青睐和忠诚度。通过引入新技术、独特的设计理念或是改进性能，企业可以开发出独具特色的产品，满足不同消费者群体的需求，从而建立起良好的品牌形象和市场口碑。创新设计可以提升产品的技术含量和附加值。随着科技的进步和市场需求的变化，消费者对产品功能、品质和体验的要求也日益提高。通过引入先进的材料、智能化的控制系统以及用户友好的设计，企业可以实现产品性能的显著提升，从而为消费者提供更具价值和竞争力的产品选择。

创新设计还能够优化产品的生产成本和效率。通过改进设计，优化生产工艺和材料选择，企业可以降低产品制造成本，从而在保持产品质量的同时提升企业的盈利能力和市场竞争力。这种成本效益的提升不仅有助于企业在竞争中占据成本领先地位，还能够为消费者带来更具竞争力的价格优势。创新设计还能够推动企业的技术和管理水平的持续提升。在不断追求创新的过程中，企业不断积累和应用新技术、新工艺，提升研发和生产能力。这种技术和管理水平的提升不仅帮助企业保持市场敏锐度和竞争力，还能够为企业未来的发展奠定坚实的基础。

（二）开拓新应用领域

1. 跨领域应用

在当今快速发展的科技时代，创新设计不仅仅局限于传统的机械领域，还能够将机械技术应用于新的跨领域，如医疗器械、航空航天和可再生能源，从而拓展企业的市场机会和影响力。这种跨领域的创新应用不仅推动了技术的进步，也为社会带来了巨大的经济和社会价值。将机械设计技术应用于医疗器械领域，是创新设计的重要方向之一。随着医疗科技的进步和人们对健康的高度重视，医疗器械的需求不断增长。创新设计通过引入先进的材料、精密的制造工艺和智能化的控制系统，使得医疗器械具备更高的安全性、精确度和适用性。例如，微型化的机械部件和高精度的传感器可以应用于手术机器人和医疗影像设备，提升手术治疗的精准性和患者的治疗效果，同时降低手术风险和医疗成本。

机械设计在航空航天领域的应用也展现出其巨大的潜力和价值。航空航天工业对高性能、轻量化和耐高温材料的需求极为迫切，这正是机械设计技术所擅长的领域。创新设计通过开发新型材料、优化结构设计和提升动力系统效率，为航空航天器件和航空发动机的性能提升提供了新的可能。例如，先进的材料科学和制造工艺使得航空器件可以在极端环境下稳定运行，提升了飞行安全性和效率，同时降低了燃料消耗和环境影响。创新设计在可再生能源领域的应用也成为全球关注的焦点。随着全球能源危机和环境保护意识的增强，可再生能源如风能和太阳能的利用率不断提升。机械设计通过开发高效率的风力涡轮机和太阳能收集器，优化能量转换和储存系统，为可再生能源的大规模应用奠定了基础。例如，创新设计可以通过提高风力涡轮机的转换效率和降低维护成本，使得风能成为更具竞争力的清洁能源选项，为社会可持续发展做出重要贡献。

2. 满足定制化需求

创新设计在满足定制化需求方面发挥了重要作用，不仅为企业带来了市场竞争优势，还能够提升客户满意度和品牌忠诚度。定制化需求指的是客户对产品特性、功能、外观等方面的个性化要求，这种需求不仅仅体现了消费者个体化的偏好，也反映了市场多样化和个性化的发展趋势。企业能够灵活应对这些需求，为客户提供定制化的解决方案，从而实现市场份额的扩展和持续增长。创新设计可以通过灵活的产品模块化和可定制化设计，实现对不同客户需求的精准响应。传统的生产模式往往采用大规模批量生产，产品设计和制造过程较为标准化，难以满足多样化的市场需求。而通过创新设计，企业可以设计出可调节和灵活组合的产品结构，使得不同部件和功能模块可以根据客户需求进行定制化组装。例如，某些机械设备可以根据客户的特定要求，调整工作参数、增加附加功能或改变外观设计，从而实现个性化定制，满足客户多样化的需求。

创新设计能够通过先进的数字化技术和虚拟仿真，实现个性化产品设计和定制化生产。随着信息技术的迅猛发展，计算机辅助设计（CAD）和计算机辅助制造（CAM）技术已经成为现代机械设计不可或缺的工具。通过 CAD 软件的设计模型和 CAM 系统的数字化加工，企业可以更精确地捕捉客户需求，快速开发和验证定制化产品的设计方案。这种数字化设计和制造技术不仅提高了生产效率和质量控制水平，还能够大幅缩短产品开发周期，满足客户对快速交付和个性化定制的需求。创新设计还能够通过增强产品的灵活性和可操作性，提升客户体验和使用价值。在竞争激烈的市场环境中，企业需要不断创新，提供更具有竞争力的产品。例如，某些机械设备可以设计成模块化结构，允许客户根据实际需要进行模块更换或功能升级，而无须全面更换设备。这种灵活的产品设计不仅降低了客户的运营成本，还能够延长产品的使用寿命，增强产品的市场竞争力和持续利润。

第二节 基于创新的机械设计方法与实践

一、基于创新的机械设计方法

（一）计算机辅助设计（CAD）

计算机辅助设计（Computer Aided Design，CAD）是利用计算机技术辅助进行机械设计的过程，其重要性在现代机械工程中日益突出。CAD 技术不仅仅是简单地替代传统的手工绘图和设计方法，更是通过数字化、自动化的手段，显著提高了机械设计的效率和精度，为工程师和设计师提供了强大的工具来创造复杂的机械系统和产品。CAD 的核心功能包括建模、图形处理和工艺分析。CAD 软件可以将设计人员的创意和概念转化为数字化的三维或二维模型。这些模型可以精确地表示设计的物理特征、结构和组件，为工程师提供一个清晰的视觉和理解平台。CAD 软件能够进行复杂的图形处理，包括几何建模、曲面建模、装配设计等，通过各种工具和算法，使得设计人员能够高效地创建和修改设计方案。

CAD 技术的另一个关键功能是工艺分析。设计人员可以对产品的结构强度、运动学特性、流体动力学等进行详尽的分析。例如，工程师可以使用 CAD 软件进行有限元分析

(FEA)，评估零件的应力分布和变形情况，从而优化设计，提高产品的性能和可靠性。此外，CAD 还能够进行工艺路径分析和优化，确保设计的可制造性和生产效率。CAD 技术的应用不仅仅局限于机械工程领域，它在建筑设计、电子设备设计、航空航天、汽车工业等多个领域都有广泛的应用。随着计算机技术的不断进步和 CAD 软件功能的不断增强，CAD 已经成为现代工程设计中不可或缺的重要工具之一。它不仅提高了设计效率和精度，还促进了工程创新和产品优化，帮助企业在竞争激烈的市场中保持竞争优势。

（二）变形设计（VD）

变形设计（VD）是一种基于现有机械产品或系列设计的创新方法，旨在通过改进工作原理、结构形式、功能和尺寸等方面，衍生出多样化的产品种类，以满足不同用户需求的设计方案。这种设计方法不仅扩展了产品的功能和应用范围，还优化了产品的整体性能和系统设计。变形设计充分利用现有机械产品的基础，通过技术创新和设计重新组合，实现产品的多功能性和灵活性。例如，通过改进产品的工作原理，优化结构设计，或者调整产品的尺寸和参数，使得产品在保持原有基础功能的同时，能够适应不同的应用场景和用户需求。这种灵活性和可调性使得产品可以在多个领域和市场中广泛应用，从而提升了产品的市场竞争力和用户满意度。

变形设计强调产品的衍生和系列化设计。通过设计出具有多种功能和参数系列可调的拓扑结构，使得用户可以根据实际需求选择合适的产品型号，从而实现个性化定制和市场细分。这种系列化设计不仅提高了产品的生产效率，还优化了资源利用和成本控制，为企业带来更大的经济效益和市场份额。变形设计还注重产品的功能完善和系统优化。通过对产品功能的全面考量和优化设计，确保产品在各种使用条件下都能表现出色。例如，可以通过增强产品的操作性、耐用性和安全性等方面进行改进，提升产品的整体质量和用户体验，增强产品的市场竞争力和品牌价值。

（三）并行设计（CD）

并行设计（Concurrent Design，CD）是一种革新性的设计方法，与传统的串行设计模式有所不同。它强调在产品开发的早期阶段即规划和设计阶段，将产品及其相关的制造和支持过程并行进行集成设计，以系统化的方式综合考虑产品的整个生命周期，从而实现降低成本、提高质量和效率的目标。传统的机械设计往往采用串行的设计流程，即依次完成产品的各个设计阶段，例如概念设计、详细设计、制造设计等。这种设计方式存在着设计周期长、成本高和效率低等问题，特别是在面对市场快速变化和技术更新迭代的挑战时，传统设计方法显得愈发不足以应对。

相比之下，并行设计注重于不同设计阶段的并行进行，使得设计团队可以在早期阶段就综合考虑到产品的多个方面和需求。这种并行性允许设计人员和工程师在同一时间内在不同方面进行设计工作，如功能设计、结构设计、材料选择、制造工艺优化等，从而在设计初期就可以发现和解决潜在的问题，避免在后期阶段的重复修改和额外成本。并行设计的核心优势之一是能够显著缩短产品的设计周期。通过提前并行进行各项设计任务，可以快速推进产品的开发进程，使得产品更快地投入市场，抢占市场先机。同时，通过集成设计思维，设计团队可以更好地优化产品的整体性能和质量，确保产品在实际使用中达到最佳效果。通过并行设计还能有效降低设计成本。在早期识别和解决设计问题，避免后期设计修改和生产调整所带来的额外费用，从而节约企业的开支并提高利润率。这种成本效益不仅体现在设计阶段，还延伸到整个产品生命周期的运营和维护阶段。

二、基于创新的机械设计实践

（一）逆向工程

逆向工程（Reverse Engineering）是一种通过扫描和数字化现有产品，以创建其精确的三维模型的技术过程。这种方法在工程设计和制造中发挥着重要作用，尤其是在需要对现有产品进行改进、维修或替换零件时更为有效。在逆向工程的实践中，工程师首先使用现代扫描技术，如激光扫描或光学扫描，对目标产品进行详细扫描。这些扫描技术能够高精度地捕捉产品的几何形状、表面细节和内部结构，将实物产品转换为数字化的点云数据或三维模型。一旦获得了产品的数字化数据，工程师接下来使用计算机辅助设计（CAD）软件处理这些数据，将其转换为精确的三维模型。在这个过程中，工程师可以修复任何扫描中可能存在的缺陷或损伤，并确保模型的准确性和完整性。逆向工程的主要应用之一是在维修和维护现有机械设备时。例如，当老旧机械设备的零件失效或磨损时，传统的生产零件方式可能昂贵且耗时，而逆向工程则可以快速生成受损零件的精确复制品。通过创建精确的 3D 模型，工程师可以直接使用这些模型来制造新的零件，而无须依赖原始设计文档或 CAD 文件。

逆向工程还在产品改进和创新设计中发挥着重要作用。通过分析竞争产品或市场上成功产品的逆向过程，工程师可以深入了解其设计和制造技术，从而为自己的产品设计提供灵感和改进方向。这种方法可以帮助企业在竞争激烈的市场环境中快速响应市场需求，提升产品的技术水平和市场竞争力。在基于创新的机械设计实践中，逆向工程也被视为一个重要的工具和方法。通过逆向工程，工程师可以在不影响现有产品性能和功能的情况下，进行系统性的产品优化和改进。这种方法不仅节省了开发时间和成本，还能够确保产品设计的精确性和符合市场需求的程度。

（二）物联网（IoT）和智能机械

物联网（IoT）技术的广泛应用正在彻底改变机械工业的面貌，特别是在智能机械领域。通过嵌入传感器和联网设备，机械系统能够实现实时监测、数据分析和预测性维护，这些功能提升了机械设备的运行效率和可靠性。物联网技术使得机械系统能够实时监测其运行状态。传感器可以收集关键的运行数据，如温度、压力、振动等，这些数据被传输到云端或本地服务器进行分析。通过实时监测，工程师和技术人员可以及时了解设备的工作状态，预测潜在故障，从而采取预防性维护措施，避免设备停机和生产中断。

IoT 技术实现了设备的远程监控和控制。无论是生产线上的机械设备还是分布在不同地点的设施，通过网络连接，操作人员可以远程监视设备的运行状况并实时调整参数。这种远程监控不仅提高了操作的便捷性，还能够快速响应问题，减少了人为操作错误的风险，从而提升了安全性和效率。物联网技术为工程师提供了许多新的设计思路和方法。例如，通过分析大数据和运行历史，工程师可以优化设备的设计和制造过程，提高其性能和节能效率。物联网还促进了设备的智能化和自动化，使得机械系统能够根据实时数据调整工作模式，达到最佳效果。除此之外，IoT 技术还推动了机械设备的互联互通。设备之间和设备与系统之间的数据交换和信息共享变得更加便捷和高效，这不仅促进了生产流程的协调和优化，还能够实现更高水平的自动化控制和资源利用效率。

第四节　创新对机械加工行业的影响与启示

一、创新对机械加工行业的影响

（一）提升生产效率和品质

在现代机械加工行业，创新技术如数控加工（Computer Numerical Control，CNC）、智能化设备和自动化系统正以前所未有的速度和深度改变着生产方式和产品质量标准。这些技术的广泛应用不仅显著提升了生产效率，还大幅提升了产品加工精度和一致性，从而带来了生产成本的降低和市场竞争力的增强。数控加工技术是当前机械加工行业的重要技术之一。相比传统的手工操作或者常规数控机床，CNC 技术通过电脑程序控制机床进行加工操作，极大地提高了加工精度和重复性。CNC 机床能够根据预先设定的程序自动进行切削、钻孔、铣削等操作，不仅减少了人为错误的可能性，还大幅提升了生产效率和加工质量。例如，在高精度零部件制造中，CNC 技术可以确保每个工件的尺寸和形状都符合精确的要求，从而保证产品的一致性和稳定性。智能化设备和自动化系统在机械加工行业中的应用也日益普及和重要。智能化设备如自动装配线、机器人辅助生产系统等，能够实现生产流程的自动化和智能化管理。这些系统不仅能够提高生产线的运行效率和灵活性，还能够减少人力成本和工时浪费。例如，某些高度自动化的装配线可以通过自动化的零部件传送和智能化的工艺控制，实现对产品装配过程的实时监控和调整，从而大幅提升生产效率和产品组装质量。

创新技术在加工设备的精密度和可靠性方面也发挥了重要作用。现代的加工设备如高速铣床、激光切割机等，不仅能够处理复杂的工件结构和材料，还具备高速度、高精度和高效能的特点。这些设备通过先进的传感器技术和实时数据反馈系统，能够准确控制加工参数，保证产品的精度和表面质量，提高了加工效率和制造能力。创新技术的应用不仅改变了机械加工行业的生产方式和工艺流程，还促进了企业在全球市场中的竞争力。通过引入先进的加工技术和自动化系统，企业能够在快速变化和高度竞争的市场环境中保持灵活性和敏捷度，迅速响应市场需求并提供高质量的产品和服务。这种技术驱动的转型不仅带来了生产效率的提升和成本的降低，还推动了整个行业向数字化、智能化方向迈进，为未来的技术创新和市场竞争奠定了坚实基础。

（二）拓展加工能力和灵活性

新兴的制造技术，如增材制造（Additive Manufacturing，AM）和虚拟仿真，正在彻底改变着机械加工行业的面貌。这些技术不仅扩展了加工能力和应用领域，还极大地提升了生产的灵活性、效率和定制能力，为企业带来了前所未有的竞争优势和市场机会。增材制造技术，即 3D 打印技术，已经成为当今制造业中的一项革命性技术。传统的机械加工方式通常是从固体块材料中通过去除材料来制造零件，而增材制造则是通过逐层堆积材料，直接从数字设计文件中构建复杂的三维物体。这种逆向工程的方法不仅允许制造出具有复杂几何形状和内部结构的零件，还能够实现个性化定制和小批量生产，提升了产品的设计自由度和制造灵活性。例如，增材制造技术已经成功应用于制造高性能的航空发动机部件和轻量化的航天器件。通过 3D 打印，工程师们可以设计和制造复杂的内部通道和空腔，优化零件的结构和性能，同时减少材料浪费和生产成本。这种技术的应用不仅提升了产品的技术含量和质量水平，还显著缩短了产品开发周期，快速响应市场需求。虚拟仿真技术在机械加工行业中的应用也日益广泛。虚拟仿真通过建立数字化的模型和模拟环境，可以在设计阶段就预测和优化加工过程、分析产品性能，提升了设计的准确性和工艺的稳定性。例如，在汽车制造中，工程师可以利用虚拟仿真软件对汽车结构进行强度分析和碰撞测试，优化设计方案并预测产品在不同工况下的表现。这种预测性设计不仅降低了试错成本和时间，还能够确保产品在市场上具备竞争力和可靠性。创新技术的应用还推动了机械加工行业向智能化和自动化方向迈进。例如，结合增材制造和自动化系统，企业可以实现高度定制化的自动化生产线，通过智能化的工艺控制和实时数据反馈，提高生产效率和质量管理水平。这种整合性的创新不仅促进了生产过程的优化和成本的降低，还为企业提供了更灵活、更具竞争力的生产解决方案。

（三）促进创新设计和产品开发

创新技术的广泛应用不仅彻底改变了机械加工行业的生产方式和效率，还深刻影响了产品设计和开发的整个生命周期。通过先进的仿真和虚拟设计工具，设计师们能够更迅速、更精确地实现新产品的概念验证、优化和市场推广，从而缩短了产品上市周期，提升了市场反应速度和产品创新能力。创新技术如虚拟仿真在产品设计阶段的应用，显著提升了设计的准确性和效率。虚拟仿真技术允许设计师在数字化的模拟环境中进行产品的全面测试和评估，包括结构强度、性能特性、耐久性等多方面。例如，利用有限元分析（FEA）软件，设计师可以对产品在不同工况下的受力情况进行模拟，提高产品的可靠性和安全性。这种预测性的设计方法不仅能够减少实验验证的时间和成本，还能够降低产品开发过程中的风险，确保产品在市场推出时具备竞争力和可靠性。创新技术在产品开发过程中的应用，推动了快速原型制作和快速迭代的实现。随着3D打印技术的普及和成熟，企业可以通过快速制造出功能性原型，使得设计团队能够在早期阶段获取实际的产品样本，进行功能测试和用户反馈。这种快速迭代的开发方式有效缩短了设计到市场的时间，提高了产品的市场敏感度和适应能力。例如，在新产品开发中，3D打印技术不仅能够快速制造出复杂结构和个性化部件，还能够灵活应对客户定制化需求，实现更快速、更有效的产品推广和市场适应。

创新技术的应用还促进了设计团队的协同工作和全球化合作。通过云端计算和虚拟协作平台，设计师和工程师可以实现实时数据共享和跨地域的设计协作，加速了全球供应链的整合和产品全球市场化的推广。例如，在跨国企业中，利用虚拟现实（VR）技术进行产品设计评审和团队协作，可以有效缩短跨地域团队之间的沟通和决策周期，提升项目的执行效率和成果质量。创新技术的推广不仅为企业带来了更高效的产品设计和开发流程，还推动了全行业的技术进步和竞争力提升。通过引入先进的仿真工具和数字化设计平台，企业能够更灵活地应对市场需求的变化，快速调整产品设计和生产策略，从而在激烈的市场竞争中占据领先地位。这种技术驱动的创新不仅促进了企业内部的组织协同和生产效率的提升，还为整个行业带来了技术进步和市场化的推动力。

二、创新对机械加工行业的启示

（一）人才培养和组织文化建设

通过不断投入研发和采纳创新技术，企业能够有效地提升生产效率、降低成本、提高产品质量，并扩展市场份额。技术驱动的竞争优势体现在生产效率的显著提升上。随着自动化和智能化技术的广泛应用，机械加工企业能够实现生产流程的高度自动化和优化。例如，采用先进的数控机床和自动化生产线，企业能够大幅减少人为操作的需求。这种高效率的生产模式不仅能够缩短产品的制造周期，还能够迅速应对市场需求的变化，满足客户对高质量产品的要求。技术创新带来的成本优化是企业保持竞争力的重要因素。通过引入节能环保的生产设备和先进的材料利用率优化技术，企业能够降低能源消耗和原材料浪费，有效控制生产成本。例如，智能控制系统和实时数据分析技术可以帮助企业精准监控生产过程中的能耗和资源使用效率，从而实现成本的节约和效益的最大化。

技术驱动的竞争优势还体现在产品质量的持续提升上。通过先进的质量控制技术和自动化检测系统，企业能够实现对产品质量的实时监测和精准控制。这种精益生产的方式不仅能够减少生产过程中的人为误差，还能够确保产品在设计规格和客户期望之间达到最佳匹配。高质量的产品不仅增强了企业的市场竞争力，还能够建立和保持良好的品牌声誉，促进长期客户关系的稳固和扩展。技术创新为机械加工行业带来的另一个启示是拓展市场份额和增强市场适应能力。随着全球市场的开放和竞争的加剧，企业需要具备快速响应和灵活调整的能力。通过引入创新产品和服务，满足不同市场和客户的需求，企业能够扩展市场份额并进入新兴市场。例如，结合数字化技术和物联网应用，企业可以开发智能化产品和解决方案，满足智能制造和智慧城市建设的需求，开辟新的增长空间。

第九章　机械设计中的可持续发展

第一节　可持续发展理念在机械设计中的应用

一、材料选择和设计

（一）选择环保材料

选择环保材料是实现可持续发展理念的关键一步，它不仅能够降低产品的环境影响，还能够提升企业的社会责任形象和市场竞争力。通过优先选择可再生、可回收和生命周期环境影响较小的材料，如生物基材料、再生材料或低碳材料，机械设计行业可以在不断推动技术进步的同时，实现对环境的积极贡献。生物基材料的应用是机械设计中的一个重要趋势。生物基材料通常来源于可再生资源，如植物纤维、生物塑料等，其生产过程相比传统材料更为环保，能够显著减少碳排放和资源消耗。例如，生物降解塑料在一次性包装和轻型零部件中的应用，不仅能够降低塑料垃圾的处理压力，还能够减少对化石燃料的依赖，推动循环经济的发展。选择生物基材料可以通过提升产品的环保性能，满足消费者对环保产品日益增长的需求，同时为企业赢得可持续发展的市场竞争优势。再生材料的广泛应用也是实现可持续发展理念的重要策略之一。再生材料包括回收塑料、金属、玻璃等材料，通过循环利用废弃资源，有效降低了原材料的开采和能耗成本，减少了垃圾填埋和焚烧的环境污染。例如，在机械零部件的制造中，利用回收金属和塑料材料制作轻型零部件，不仅能够降低产品的密度和能耗，还能够减少对有限自然资源的依赖，实现资源的可持续利用。通过设计和选择再生材料，机械设计行业可以在降低产品生命周期环境影响的同时，有效降低生产成本，提升企业的经济效益和社会形象。

低碳材料的广泛采用对于减少碳排放和应对气候变化具有重要意义。低碳材料通常具有较低的碳足迹和环境成本，其生产过程中减少了温室气体的排放，有利于减缓全球变暖的趋势。例如，选择碳纤维复合材料代替传统金属材料，不仅能够降低产品的重量和能耗，还能够提升产品的耐久性和性能。采用低碳材料不仅符合国际环保标准和法规的要求，还能够提升企业在国际市场中的竞争力和实现可持续发展的长期战略。在机械设计中实行可持续发展理念，不仅需要技术创新和材料选择的改进，还需要企业在供应链管理、产品生命周期评估和市场营销策略等方面的全面考量。通过建立环保意识和可持续发展战略，机械设计行业能够积极响应全球环境挑战，推动整个产业链的绿色转型和可持续发展。选择环保材料不仅有助于降低生产成本和法律风险，还能够提升企业的品牌价值和市场认可度，为长远发展奠定坚实的基础。

（二）设计多功能材料

设计多功能材料在当今可持续发展理念深入人心的背景下，成为机械设计领域中的重要创新方向。这种材料不仅能够满足多种功能需求，还能够减少资源消耗、降低废弃物产生，对于推动绿色和循环经济具有重要意义。通过开发具有高效能力和多用途性的材料，机械设计行业不仅能够提升产品的性能和竞争力，还能够在全球资源有限和环境压力加大的背景下，实现可持续发展的战略目标。多功能材料的设计可以通过结合不同的物理和化学特性，实现多种功能需求的集成。例如，具有高强度、耐磨损和耐腐蚀能力的复合材料，不仅能够用于制造机械零部件和结构件，还能够在汽车工业、航空航天和能源领域等多个行业中得到广泛应用。这种材料不仅具有优异的性能指标，还能够减少材料的使用量和能源消耗，从而降低整体生产成本，提升企业的经济效益和市场竞争力。多功能材料的设计还可以通过控制材料的结构和表面特性，实现多次利用和循环利用的目标。例如，设计具有自修复功能的材料，能够在受损后自动修复和恢复其原有性能，延长材料的使用寿命和使用周期。采用具有高耐久性和可持续性的材料，不仅能够减少产品的维护和更换成本，还能够降低废弃物的产生，实现资源的有效利用和循环利用，符合环保和可持续发展的核心理念。

多功能材料的设计还能够促进产品的轻量化和节能化。开发具有优异的力学性能和轻质化特性的材料，如高强度的碳纤维复合材料和镁合金材料，可以大幅降低产品的重量和能耗，提升产品的运行效率和环境友好性。在汽车制造和航空航天领域，采用轻量化材料能够显著降低车辆和飞机的燃料消耗，减少碳排放，对于应对全球气候变化和资源紧缺具有重要意义。多功能材料的设计在促进技术创新和产业升级方面也具有重要作用。结合先进的材料科学、纳米技术和制造工艺，开发具有创新性和前瞻性的多功能材料，能够为企业带来新的市场机会和竞争优势。在全球化和技术进步的背景下，机械设计行业需要不断探索和应用新材料，以适应快速变化的市场需求和消费者偏好，推动行业向智能制造和可持续发展转型。

（三）优化材料使用

优化材料使用是机械设计中实现可持续发展理念的重要策略之一，它强调在设计阶段就考虑到材料的使用效率、环境友好性和资源节约，从而最大限度地减少材料的浪费和能耗。这种做法不仅有助于降低生产成本和环境影响，还能够提升产品的性能和竞争力，为企业在全球市场中赢得可持续发展的优势。优化材料使用意味着在产品设计和制造过程中，从根本上考虑如何最大限度地减少材料的消耗和浪费。这可以通过采用先进的设计工具和技术，如计算机辅助设计（CAD）、仿真分析和优化软件等，对产品进行精确的结构设计和材料选用。例如，通过材料的结构优化和加工工艺的改进，可以降低材料的切割损耗，减少加工余量和废料产生，提高材料利用率和生产效率。采用精确的数控加工和切割技术，能够有效降低材料的浪费率，减少能源消耗和环境排放。优化材料使用还强调选择和应用具有高效能力和可持续性的材料。这些材料不仅具有良好的力学性能和耐用性，还能够在整个产品生命周期内实现资源的有效管理和再利用。例如，选择具有高强度、轻质化和耐腐蚀性能的材料，如碳纤维复合材料、镁合金和高性能塑料，可以显著降低产品的重量和能耗，提升产品的运行效率和使用寿命。优化材料选择不仅有助于降低产品的制造成本，还能够减少材料的消耗和环境负荷，符合全球资源紧缺和气候变化应对的战略需求。

优化材料使用还需要注重整个供应链的管理和协调。通过建立可持续采购和材料管理制度，促进供应商和合作伙伴在环保和社会责任方面的共同努力，实现材料的可追溯性和循环利用。例如，与供应商建立长期合作关系，优先选择符合环保标准和法规要求的材料供应商，推动材料生产和消费的绿色转型。在机械设计项目中，通过完善的供应链管理和协作机制，能够有效降低材料采购成本和环境风险，同时提升企业在市场竞争中的形象和信誉度。优化材料使用不仅是一种技术手段，更是一种全面的企业战略和管理哲学。通过培养员工的环保意识和技能培训，建立跨部门的协作机制和信息共享平台，能够推动企业在材料使用效率和环境友好性方面的持续改进和创新。在全球化和可持续发展的背景下，机械设计行业需要不断探索和实践新的材料管理和技术创新，以应对日益复杂的市场需求和环境挑战，为未来的可持续发展奠定坚实的基础。

二、生产过程的环境影响

（一）清洁生产技术

清洁生产技术强调在产品设计、制造和运营过程中减少资源消耗、降低能源消耗以及最大限度地减少污染物排放。这不仅有助于提高企业的经济效益和市场竞争力，还能够有效地降低对环境的负面影响，实现生产与环境的和谐共生。清洁生产技术在机械设计中的应用体现在整个产品生命周期的环保设计和生产过程中。通过优化产品设计，选择高效低耗的材料，以及采用节能、环保的生产工艺，可以有效降低生产过程中的资源消耗和能源消耗。例如，采用先进的数控加工设备和精密制造技术，实现对材料的精确加工和高效利用，减少废料产生和能源浪费。在产品设计阶段，结合生命周期评估和环境影响分析，选择符合环保标准和法规要求的材料和工艺，能够有效降低产品的碳足迹和环境污染。清洁生产技术强调通过资源循环利用和废物减量化来实现生产过程的环保目标。在机械设计和制造中，通过建立闭环生产系统和循环经济模式，将废料和副产品重新利用或转化为有价值的资源，能够有效降低原材料的消耗和废物的排放。例如，采用可再生材料和再生材料，如生物基材料、再生金属和可降解塑料，替代传统的石油基材料，能够减少对自然资源的依赖，降低生产过程中的环境负荷和碳排放。

清洁生产技术还包括提升生产过程中的环保效率和管理水平。通过引入先进的环保管理系统和监测技术，实现对生产过程中污染物排放、能源消耗和资源利用的实时监控和管理，能够及时发现和解决潜在的环境风险和问题。采用智能传感器和数据分析技术，监测和优化设备运行状态和能效水平，提高生产效率和环保性能，同时降低能源消耗和生产成本。清洁生产技术的应用不仅是一种技术创新，更是一种企业社会责任和可持续发展战略的体现。通过倡导和实施清洁生产技术，机械设计行业不仅能够满足市场和消费者对环保产品和服务的需求，还能够提升企业的社会形象和品牌价值。清洁生产技术将成为推动机械设计行业转型升级和可持续发展的重要路径和驱动力，为建设绿色低碳的社会和经济环境做出积极贡献。

（二）生产过程优化

智能化技术在优化生产过程中的应用体现为实时数据采集、分析和智能决策系统的建立。通过部署各类传感器和物联网设备，实现对生产设备和工艺参数的实时监测和数据采集，可以及时发现生产过程中的异常和问题，提高生产线的运行稳定性和可靠性。

例如，利用智能传感器监测设备运行状态、温度、压力和振动等参数，结合数据分析和人工智能技术，预测和优化设备维护周期，减少因设备故障导致的生产中断。数字化技术在优化生产过程中的应用突显在工艺设计优化和虚拟仿真方面。通过采用计算机辅助设计（CAD）、计算机辅助制造（CAM）和计算机辅助工程（CAE）等软件工具，实现产品设计、工艺规划和制造过程的数字化管理和优化。例如，通过虚拟仿真技术模拟和优化生产工艺流程，减少试验和试错成本，优化零部件的结构设计和加工工艺，提高产品质量和加工精度。在数字化工厂的建设中，通过建立数字孪生模型，实时模拟和监控生产过程，提升生产线的灵活性和响应速度，实现快速定制和个性化生产，符合市场需求的灵活变化。

智能化和数字化技术的应用还能够有效减少废弃物的生成和资源浪费。通过优化生产计划和排程，精准控制原材料的使用量和加工工艺的参数设定，减少生产过程中的过剩物料和废弃物的产生。例如，采用先进的数控加工设备和精密加工工艺，实现对材料的精确切割和加工，减少加工余量和废料产生。在智能化管理系统的支持下，实施精益生产和绿色制造理念，通过能源的有效利用和废弃物的资源化利用，降低生产过程中的环境污染和碳排放，实现可持续发展目标和环保要求的双赢。智能化和数字化技术的应用不仅仅是生产效率提升的手段，更是实现可持续发展理念的重要路径和战略选择。通过引入先进的生产技术和管理模式，推动传统制造业向智能化、绿色化转型，不仅有助于提升企业的竞争力和市场份额，还能够响应全球环保和可持续发展的挑战，推动产业升级和创新发展。在全球化和数字化转型的背景下，智能化和数字化技术将成为推动机械设计行业转型升级的重要动力，为建设智能、绿色和可持续的未来做出积极贡献。

第二节　可持续发展对材料选择与设计的影响

一、可持续发展对材料选择的影响

（一）资源有效利用

在机械设计和制造领域，选择能够高效利用原材料、能源和水资源的材料是实现可持续发展的关键策略之一。这不仅有助于降低生产成本和提高生产效率，还能够减轻对自然资源的依赖，降低环境污染和碳排放，推动经济社会的可持续发展。可持续发展要求选择可再生材料，如生物基材料和可再生能源衍生的材料，以替代传统的石油基材料。

这些材料不仅能够减少对有限资源的依赖，还能够降低碳排放和环境污染。例如，生物基塑料通过利用植物原料生产，具有可降解性和低碳排放的特性，适合用于一次性塑料制品和包装材料的替代，有效降低塑料垃圾对环境的影响。循环利用材料在材料选择中的应用能够实现资源的闭环利用和废弃物的减量化。通过回收利用废弃物和副产品，再生金属和再生塑料等材料可以有效降低生产过程中的能源消耗和碳排放，延长资源的使用寿命。例如，通过建立废物回收和再利用系统，将废弃物转化为再生资源，用于新产品的制造，不仅降低了原始资源的消耗，还减少了废弃物对环境的负面影响。

选择能够提供更长使用寿命的材料也是实现可持续发展的重要策略。通过优化材料的设计和制造工艺，提高材料的耐久性和性能稳定性，减少因频繁更换产品而产生的资源浪费。例如，采用高强度、耐磨损的材料用于机械零部件和设备制造，可以降低设备维护和更换成本，同时减少资源的消耗和废物的产生。材料选择在可持续发展中的影响不仅仅局限于资源利用效率的提升，还涉及对环境影响的综合考量和社会责任的履行。在全球化和资源稀缺的背景下，制定和实施符合环保标准和法规的材料选择策略，不仅能够提升企业的社会形象和品牌价值，还能够满足消费者对环保和可持续产品的日益增长的需求。

（二）降低环境影响

材料的生产和使用过程不仅消耗大量能源和原材料，还会产生温室气体排放、水污染等环境问题。因此，通过选择能够降低环境影响的材料，实现资源节约和环境保护的双重目标成为现代制造业和设计领域的重要策略。可持续发展要求选择低碳材料，即在材料的生产、使用和废弃阶段都能够显著减少温室气体排放的材料。例如，采用生物基材料替代传统的石油基材料，不仅能够降低碳排放，还能促进可再生资源的利用。生物基材料通过植物原料生产，具有较低的碳足迹和环境影响，适用于一次性塑料制品、包装材料等领域的替代，有效减少塑料垃圾对环境的负面影响。选择低能耗生产工艺的材料能够显著降低生产过程中的能源消耗和环境污染。通过优化生产工艺和采用高效能源利用的设备，可以减少能源消耗和生产过程中的碳排放，降低企业的生产成本和环境负担。例如，采用先进的节能设备和高效加工工艺，优化原材料的选择和使用，可以显著降低产品制造过程中的资源浪费和环境污染。

可持续发展还要求选择能够通过技术手段降低环境影响的材料。这包括在材料的生产、使用和废弃阶段引入环保技术和工艺创新，减少对自然资源的开采和环境的破坏。例如，采用闭环生产工艺和循环经济理念，通过废弃物的再利用和资源的回收利用，实现材料和能源的有效利用，减轻对环境的影响和压力。选择对环境影响较小的材料不仅能够提升企业的社会责任形象，还能够满足消费者对环保和可持续产品的需求，拓展市场竞争优势。随着全球环境问题日益严峻和环保法规的日益加强，企业在材料选择和产品设计上积极响应可持续发展的要求，不仅有助于减少环境污染和资源消耗，还能够促进经济的可持续增长和社会的长期繁荣。

二、可持续发展对材料设计的影响

（一）多功能性和多用途设计

在当前全球资源稀缺和环境问题日益严峻的背景下，推动材料设计朝着多功能和多用途方向发展，具有重要的现实意义和战略价值。多功能材料的设计能够实现一种材料同时具备多种功能，从而减少对多种材料的依赖和使用。例如，通过改变材料的结构或添加特定的功能性添加剂，可以使材料具备耐磨、耐高温、导电或者绝缘等多种功能。这不仅简化了制造过程和供应链管理，还能够降低产品的成本和能源消耗，减少废物的产生，符合资源高效利用和循环经济的原则。多用途设计强调一种材料或产品能够适应多种不同的应用场景和需求。例如，开发出既适用于建筑材料又适用于汽车零部件的复合材料，或者设计出可用于电子产品和医疗设备的通用塑料，能够有效减少不同行业对不同材料的需求，降低原材料开采的压力和生产过程的环境影响。这种设计理念促进了材料资源的共享和循环利用，有助于构建资源节约型社会和环保型生产方式。

设计可重复使用的材料或产品是实现循环经济的重要手段之一。通过延长材料或产品的使用寿命，可以减少废弃物的生成和资源的消耗，实现“减少、重复利用和循环利用”的原则。例如，设计出易于拆解和再利用的材料组件，促进废弃物的资源化利用，不仅有助于减少资源的耗竭和环境污染，还能够创造新的商业机会和市场需求，推动经济可持续发展。多功能性和多用途设计在提升产品竞争力和市场影响力方面也具有重要作用。随着消费者对产品功能、品质和环保性能要求的提升，具备多功能和多用途设计的产品能够满足不同用户群体的需求，增强产品的市场竞争力。同时，这种设计理念也反映了企业在创新和可持续发展方面的责任感和社会价值，有助于提升品牌形象和企业的社会责任感。

（二）生物兼容性和健康安全

随着科技的进步和人们对健康意识的提高，如何在材料设计中确保产品对人体无毒无害，且在生产过程中不释放有害物质，已成为推动可持续发展的重要方向之一。这样的设计不仅保护了人类健康，还有助于维护环境的安全和可持续性。生物兼容性是指材料在与生物体接触时不会引发不良生物反应，如炎症、排斥反应或毒性反应。生物兼容材料的应用极为广泛，如植入式医疗器械（例如人工关节、心脏起搏器等）、药物输送系统和组织工程支架等。这些材料需要具有良好的生物相容性，以确保其在体内的稳定性和功能性，避免引发免疫排斥反应或毒性反应。因此，设计和开发无毒、无害且生物相容性的材料，是提高医疗设备安全性和患者治疗效果的关键。健康安全性在食品接触材料的设计中同样重要。食品安全直接关系到公众的健康，任何可能迁移到食品中的有害物质都需要严格控制。例如，选择无毒的塑料、玻璃和不锈钢材料，以及符合食品安全标准的涂层和添加剂，是确保食品安全的基本要求。同时，生产过程中的材料选择和工艺控制也必须确保不释放有害物质，避免环境污染和食品安全问题。通过采用先进的材料分析和测试技术，如高效液相色谱（HPLC）、气相色谱-质谱联用（GC-MS）等方法，可以准确评估材料的安全性，确保产品的健康安全性。

材料设计中的环保和可持续性也是确保生物兼容性和健康安全性的关键。选择可降解、可再生的绿色材料，如生物基塑料、天然纤维复合材料和无机材料，能够减少对环境的污染和资源的消耗。例如，生物降解塑料在医疗废物和一次性用品中的应用，既能降低环境污染，又能减少资源浪费。同时，开发和应用低毒、低污染的生产工艺，减少有害物质的排放，保护工人和环境的安全，进一步推动绿色制造和清洁生产。随着科技的进步和材料科学的发展，创新材料和技术的应用正在不断推动材料设计的边界。例如，开发具有智能响应功能的生物兼容材料，能够在特定条件下自动调节其性能，以适应不同的生物环境和应用需求。这些新型材料不仅提高了医疗设备的安全性和功能性，还能有效降低治疗过程中的风险和副作用。此外，纳米技术在材料设计中的应用，也为提升材料的生物相容性和健康安全性提供了新的途径，如开发纳米涂层和纳米药物传递系统，增强材料的生物活性和安全性。

第三节　可持续发展对机械设计未来的启示

一、整体系统优化

未来的机械设计不仅仅是单纯的产品开发和制造，而是要从整体系统的角度出发，全面优化产品的生命周期环境性能。这种全面考量涵盖了从原材料获取、生产制造、使用阶段到废弃处理的所有环节，旨在最大限度地减少资源消耗和环境负荷，实现真正意义上的可持续发展。从原材料获取阶段开始，可持续发展要求机械设计师们选择那些具有低环境影响的材料。这些材料可能包括可再生资源、循环利用材料或者采用低能耗生产工艺的材料。例如，开发和应用生物基塑料，不仅可以减少对石油资源的依赖，还能降低生产过程中的碳排放量。同时，采用先进的生产技术和清洁生产工艺，如生物降解技术和零废弃生产系统，能够有效减少生产过程中的废弃物和有害物质排放，最大限度地提升资源利用效率。在产品设计和制造阶段，机械设计应当注重提升产品的使用效率和耐久性，以延长产品的寿命周期。这包括设计多功能性和多用途的产品，使其能够适应不同的应用场景和需求，减少不必要的产品替换和资源消耗。例如，开发具有可调节功能的机械部件或装置，可以根据需求进行灵活调整和再利用，减少新产品的制造需求，同时降低资源消耗和环境负荷。

在产品使用阶段，机械设计师们应当关注产品的能效表现和环境影响。通过整合智能化技术和数字化管理系统，监测和优化产品在使用过程中的能效表现，最大限度地减少能源消耗和碳排放。例如，智能传感器和自动控制系统可以实时监测和调节设备运行状态，提高能效和操作效率，同时减少不必要的能源浪费。在产品废弃处理阶段，机械设计要考虑如何实现可循环利用和环境友好的废弃物处理方式。推广使用可回收材料和设计易于拆解的产品结构，以便于材料的再利用和资源的回收。同时，开发环保型的废弃物处理技术，如生物降解技术和垃圾资源化技术，能够减少废物对环境造成的负面影响，促进资源的循环利用和再生利用。

二、材料创新和循环利用

（一）设计多功能、可重复使用的部件和系统

随着全球对资源的关注和环境负担的增加，机械设计师们正面临着创新和变革的挑战，以应对日益复杂的市场需求和环境压力。推动模块化设计和标准化部件的应用是实现可持续发展的重要一环。模块化设计使得不同部件可以在不同系统中通用，这不仅简化了产品的设计和生产过程，还能够大幅度减少资源浪费。例如，将机械系统设计成由多个独立模块组成，每个模块都具有特定的功能，可以单独维修或更换，这样一来，当某个模块发生故障或需要升级时，只需替换特定部件，而不必整体更换整个系统。这种设计不仅节省了时间和成本，还显著延长了整体系统的使用寿命，减少了废弃物的产生。

设计产品以便易于维修和升级也是未来机械设计的重要方向之一。传统上，许多产

品在设计时并未考虑到维修的便利性和升级的可能性，导致了许多产品在面临技术更新或功能需求变化时，只能被早期报废。未来的机械设计应该注重设计产品结构和接口，使得维修和升级过程变得更加简单和成本效益高。例如，通过使用快速连接器和标准接口，可以方便地更换或升级部件，而无须专业的技术支持，这不仅降低了维修成本，也延长了产品的使用寿命，从而减少了资源消耗和环境影响。在实现这些设计理念的过程中，可持续发展的影响不仅限于产品本身，还涉及整体社会和环境的长远利益。通过减少资源的浪费和能源的消耗，机械设计可以有效地降低碳足迹和环境污染，为未来的可持续发展奠定坚实基础。这种设计思想不仅有助于企业降低运营成本和提高竞争力，还能够在全球范围内推动更加环保和可持续的生产和消费模式。未来的机械设计还应该积极响应新兴技术和市场趋势，如物联网、人工智能和大数据分析等技术的应用，这些技术不仅可以提升产品的智能化水平和运行效率，还能够通过数据分析优化产品设计和生产过程，进一步提升整体系统的性能和可持续性。

（二）推广循环经济理念

循环经济的核心理念是将产品和材料的使用设计为一个闭环系统，通过最大化资源的回收和再利用来减少对新原材料的需求，从而实现资源的有效利用和环境的最小负荷。推广循环经济理念需要从产品设计阶段开始，即设计产品以便于拆解、回收和再利用。机械设计师们应当采用模块化设计和标准化接口，使得不同部件可以轻松分离和重新组装。例如，设计机械设备时要考虑到主要构成部件的易拆解性，以便于在设备寿命结束后，能够方便地进行部件的回收和再利用。

循环经济的实现离不开技术手段在废弃物处理和资源回收方面的应用。现代技术如增材制造和智能回收技术等，为将废弃物转化为高质量的再生资源提供了新的可能性。例如，利用增材制造技术可以将废弃的金属部件或塑料材料重新加工成为新的产品或组件，这不仅减少了对新原材料的需求，还能够减少生产过程中的能源消耗和碳排放。在实践中，推广循环经济理念需要政府、企业和社会各界的共同努力和支持。政府可以通过立法和政策支持，鼓励企业采用环保和循环经济的生产方式。企业则需要积极投入到研发和技术创新中，开发符合循环经济要求的产品和生产技术。同时，社会各界需要加强对循环经济理念的宣传和教育，提升公众对可持续发展的认识和参与度。未来机械设计的发展方向应当以循环经济为指导原则，通过闭环生产系统的设计和技术手段的应用，实现资源的有效利用和环境的最小负荷。这种设计理念不仅有助于降低企业的生产成本和提高竞争力，还能够为全球环境保护和资源保障做出积极贡献。通过推广循环经济理念，机械设计行业可以引领全球经济向更加可持续的发展方向迈进，为未来世代留下更加清洁和可持续的生活环境。

三、生态友好和社会责任

（一）生态友好的设计理念和技术

随着全球环境问题的日益严重，如气候变化、资源短缺和环境污染，机械设计师以寻找更加环保和可持续的解决方案。采用低能耗、低排放的生产工艺和技术是实现生态友好设计的关键。传统的生产过程常常伴随着大量的能源消耗和排放，这对环境造成了严重的负面影响。未来的机械设计应当推动使用节能高效的生产技术，例如采用高效能源利用的制造设备和过程控制技术，减少能源的浪费和碳排放。同时，应当优化物料选择和生产流程，以最大限度地减少排放物和废弃物的产生，从而降低生产过程对环境的负荷。

在设计阶段就考虑产品的整个生命周期环境影响是实现生态效益的关键。这包括从原材料获取、生产制造、产品使用到废弃处理的所有阶段。通过应用生命周期评估工具，设计师可以分析和评估产品在整个生命周期中的环境影响，识别和优化关键的环境热点，从而确保产品的整体环境性能得到最大化的优化。例如，选择环境友好型的原材料和加工方法，设计出耐用且易于维护的产品，延长产品的使用寿命，从而减少资源消耗和废弃物的产生。推动生态效益评估的实施是实现生态友好设计的重要步骤之一。这不仅可以帮助企业了解和管理产品的环境影响，还能够促进技术创新和工艺改进，以逐步优化产品的环境性能。通过系统地考虑生态效益，设计出符合可持续发展要求的产品，不仅有助于企业在市场上获得竞争优势，还能够为环境保护和资源可持续利用做出积极贡献。

（二）社会责任原则的实施

把社会责任原则纳入机械设计的实施中，不仅是响应全球可持续发展的需求，也是提升企业长期竞争力的关键举措。社会责任不仅仅是对环境影响的关注，还包括对劳工权益、公平贸易和供应链可持续性的关注，这些因素共同构成了未来机械设计发展的重要方向和启示。关注和保护生产过程中劳工的权益和福利是实施社会责任的核心。机械设计企业应当致力于建立合理的工作条件和安全的生产环境，确保员工在工作中的身体健康和心理健康。这不仅是企业对员工的基本责任，也能够提升员工的工作满意度和生产效率。通过采用现代化的生产设备和安全管理措施，预防和减少工作事故的发生，是实施社会责任的重要措施之一。

遵循公平贸易原则并与供应链伙伴建立长期稳定的合作关系，是实现供应链可持续发展的关键。在全球化背景下，机械设计企业往往依赖于全球范围内的供应链网络，而这些供应链的可持续性直接影响到企业的长期发展和声誉。通过与供应链伙伴建立开放、透明和互信的合作关系，可以共同推动社会责任的实施，确保供应链中各环节的合规和可持续性。实施社会责任原则对机械设计未来的启示在于，履行社会责任不仅仅是履行法律和道德义务，更是提升企业形象、增强市场竞争力的有效策略。随着消费者对企业社会责任的关注度日益提高，社会责任成为企业在市场上赢得消费者信任和忠诚的重要因素之一。通过积极履行社会责任，企业不仅可以获得公众的认可和好评，还能够吸引更多有责任感的投资者和合作伙伴，推动企业长期可持续发展的实现。

第十章　机械设计中的安全与环保

第一节　安全与环保意识在机械设计中的重要性

一、安全意识在机械设计中的重要性

（一）保障人身安全

良好的安全意识不仅可以有效预防事故的发生，还能提升操作员和维护人员的工作效率和生产效益。设计师在构思和实施机械设备时，应始终将安全放在首要位置，这是对人身安全的尊重。安全意识在机械设计中的重要性体现在预防事故和保护人员健康方面。通过综合考虑设备运行中可能出现的风险因素，设计师可以采取一系列有效的措施，如添加防护装置、设置安全栏杆、配置急停开关等，从而最大程度地减少事故发生的可能性。这些措施不仅可以保护操作员不受意外伤害，还能提高工作环境的安全性和稳定性。

安全意识还体现在设计师与生产团队密切合作，共同制定和执行安全操作规程的过程中。通过培养团队成员的安全意识，使其在日常工作中始终牢记安全第一的原则，积极参与和推动安全管理工作。这种文化的建立不仅能够预防事故，还能提升整体生产效率和质量，为企业带来更稳定和可持续的发展。安全意识在机械设计中的重要性还体现在法律法规和社会责任层面。现代社会对于工作场所安全的监管和要求日益严格，设计师和企业必须严格遵守相关的安全标准和规定，以免遭受法律处罚和社会声讨。通过积极响应安全标准和规定，不仅有助于保障员工的身体健康和生命安全，也能增强企业的社会形象和竞争力。

（二）提高设备可靠性

安全意识不仅关乎人员的身体健康和生命安全，同时也直接影响到设备的可靠性和稳定性。通过在设计阶段充分考虑安全因素，设计师不仅能够有效预防事故，还能够提

高设备的工作效率和延长设备的使用寿命，从而实现生产成本的降低和生产效率的提升。安全意识在机械设计中的重要性体现在减少设备故障率和提高可靠性方面。设计师通过分析设备运行过程中可能存在的安全隐患和风险，提前采取预防措施，如优化结构设计、增加防护装置、优化材料选用等，有效降低了设备发生故障的可能性。这不仅减少了维修和更换零部件的频率，还减少了因设备故障而导致的生产中断，提升了设备在长时间运行中的稳定性和可靠性。

安全意识的提高也促进了设备的整体性能优化和节能环保。通过设计安全性高、稳定性好的设备，不仅可以降低能源消耗，还能减少废品率和污染物排放，实现生产过程的可持续发展和环境保护。设计师在考虑安全性的同时，也会对设备的各项性能指标进行综合优化，使其在运行过程中既能保证安全又能达到最佳的生产效率和成本控制。安全意识在机械设计中的重要性还体现在企业形象和市场竞争力的提升。现代社会对企业的安全管理和社会责任要求越来越高，消费者和市场对产品的安全性和质量有着更高的期待。通过注重安全设计和生产，企业不仅能够提升自身的市场信誉和品牌价值，还能获得更多客户的信赖和支持，从而在竞争激烈的市场中占据更有利的位置。

（三）经济效益

安全意识不仅是保障人身安全和设备可靠性的关键因素，同时也直接影响到企业的经济效益和市场竞争力。通过有效的安全设计和管理，企业能够在多个层面实现成本节约和市场优势，从而为持续发展奠定坚实的基础。安全意识在机械设计中的重要性体现在减少事故和故障带来的直接经济损失方面。事故和故障不仅可能导致人员伤害和生命财产损失，还会引发生产中断和设备损坏，导致生产效率下降和维修成本增加。优化设备结构、增加安全装置和采用高质量的材料，可以显著降低事故和故障的发生概率，从而减少因此而带来的直接经济损失。

符合安全标准的设备更容易获得市场认可，提升产品的竞争力和市场份额。现代消费者对产品的安全性和质量有着越来越高的要求，特别是在高风险行业和关键领域，如工业制造和公共设施。企业通过积极响应安全标准和规范，不仅能够获得政府和监管机构的认可，还能赢得客户的信赖和长期合作。这种市场认可不仅能够提升企业的声誉和品牌形象，还能带来稳定的市场需求和持续的经济回报。安全意识的提升也是企业成本管理和效率优化的重要策略。通过有效的安全管理和培训，减少了员工因事故而导致的医疗和法律索赔费用，降低了保险成本和员工福利支出。同时，稳定的生产环境和高效的设备运行，使企业能够更好地控制生产成本，增强经济效益和市场竞争力。

二、环保意识在机械设计中的重要性

（一）减少污染和排放

通过采用环保技术和材料，设计师能够有效减少生产过程和设备使用中对环境的负面影响，实现资源节约、能源效率提升和环境保护的多重目标。环保意识在机械设计中的重要性体现在减少污染和有害物质排放方面。现代社会对环境保护的关注日益加深，工业制造领域作为重要的污染源，被要求减少大气、水体和土壤的污染。通过在设计阶段选择清洁能源和环保材料，优化生产工艺和减少能源消耗，设计师可以显著降低设备运行过程中的温室气体排放和其他有害物质的释放量。例如，采用先进的过滤技术和噪声抑制措施，设计低噪声、低振动的设备，不仅改善了工作环境，还减少了对周围环境的干扰和污染。

环保意识的提升也促进了可持续发展战略的实施和企业形象的提升。在全球化竞争日益激烈的市场环境中，消费者和投资者对企业的环保承诺和可持续发展策略越来越关注。通过积极响应环保标准和规范，企业不仅能够降低法律合规风险，还能够提升品牌形象和市场竞争力。符合环保要求的产品和生产过程，不仅能够满足市场的环保需求，还能够获得政府和监管机构的认可，获得更多的市场机会和业务发展空间。环保意识在机械设计中的重要性还体现在资源有效利用和生态平衡维护方面。通过优化设计和技术创新，设计师能够实现能源的有效利用和资源的循环利用，减少对自然资源的过度消耗和浪费。例如，采用节能设备和材料，设计高效的能源回收系统和废弃物处理方案，能够减少环境负荷，实现生产与环境之间的良性循环。

（二）提高工作环境质量

环保意识不仅关注减少污染和资源浪费，还致力于改善工作环境质量，以提升操作人员的工作效率和健康水平。通过设计低噪声、低振动、无污染的设备，设计师可以创造更加舒适和安全的工作环境，从而提高员工的生产力和工作满意度。环保意识在机械设计中的重要性体现在减少噪声和振动对操作人员造成的负面影响方面。在工业生产和制造过程中，高噪声和强振动不仅会影响员工的听觉健康和生理舒适度，还可能导致工作压力增加和工作效率降低。通过在设备设计中采用隔声材料、优化结构设计和减少运转振动，设计师可以有效降低设备运行过程中产生的噪声和振动水平，改善操作人员的工作环境质量，提升其工作舒适度和健康水平。

环保意识的提升也有助于降低空气和水质污染对员工健康的潜在影响。在工业制造过程中，一些化学物质和有害气体的释放可能会对周围环境和员工健康造成影响。通过采用环保材料、优化工艺和加强废气处理等措施，设计师可以有效减少生产过程中的污染物排放，保障操作人员的健康和安全。环保意识在机械设计中的重要性还体现在提升企业社会责任形象和员工福利保障方面。现代社会对企业的社会责任和环保承诺有着越来越高的要求，消费者和员工越来越关注企业的环境保护和员工福利。通过实施环保意识和健康安全管理，企业不仅能够提升自身的社会形象和品牌价值，还能够吸引和留住高素质的人才，增强企业的可持续发展能力。

第二节　机械设计中的安全与环保要求

一、机械设计中的安全要求

（一）操作安全

1. 人机工程学设计

通过合理设计操作界面和控制装置，设计师能够有效提升设备的人机交互性和安全性，同时优化操作流程，使操作更加便捷和高效。人机工程学设计在机械设备中的应用体现为优化操作界面和控制装置，以确保操作员能够轻松理解和掌握操作流程。合理的操作界面设计包括清晰的标识、直观的控制按钮布局和符合人体工程学的控制杆设计，使操作员能够快速准确地进行操作。例如，对于控制按钮的尺寸、形状和布局进行合理规划，避免操作员因为烦琐的操作而产生操作误差或者操作困难。通过在设计阶段充分考虑操作者的视觉、触觉和认知能力，设计师可以有效降低操作员的疲劳感，提升操作效率和工作质量。

人机工程学设计还关注减少操作员误操作和事故风险，确保设备操作过程安全可靠。在工业制造和生产环境中，操作员误操作可能会导致严重的安全事故和设备损坏，因此设计师在设备控制装置的设计中需考虑操作的可靠性和安全性。例如，通过添加急停按钮、防护装置和操作限制措施，设计师可以在关键时刻及时干预，避免或减少事故发生的可能性。此外，人机工程学原理还要求设备操作界面的反馈信息清晰明了，能够及时反馈操作状态和设备运行情况，帮助操作员快速做出正确决策，进一步提高设备操作的安全性和可靠性。人机工程学设计在促进设备操作员健康和舒适方面也发挥着重要作用。

合理设计的操作界面和控制装置不仅能够减少操作员长时间工作带来的身体疲劳和不适感，还能够降低操作员因操作过程中的不良姿势而导致的职业病风险。通过考虑操作员的人体工程学需求，如手臂的自然伸展角度、手指的活动范围和视觉焦点的合理位置，设计师可以有效改善操作员的工作环境质量，提升其工作效率和生产效率。

2. 安全标识

通过在设备的危险部位设置清晰的安全标识和警示标志，设计师能够有效提醒操作人员注意安全，降低操作失误和事故风险，保障工作环境的安全性和稳定性。安全标识在机械设计中的重要性体现在提高操作员安全意识和行为规范方面。在工业生产和制造环境中，设备可能存在旋转部件、高温表面、电气风险等危险因素，这些因素可能对操作人员的健康和安全造成威胁。通过在设备的危险部位显著位置设置标识和警示标志，如危险警示图标、安全说明标识和紧急停止标志等，能够提醒操作员注意可能存在的危险，促使其在操作过程中保持高度警觉和谨慎态度。这些标识不仅有助于操作员正确理解设备的安全使用规范，还能够减少因操作失误导致的事故发生，确保操作员的人身安全和健康。

安全标识的设置还有助于遵守法律法规和安全标准，降低企业因安全违规而可能面临的法律责任和经济损失。在许多国家和地区，设备操作必须符合严格的安全要求和法规标准，如ISO标准、国家安全生产标准等。通过在设备的关键部位设置标识和警示标志，设计师能够有效传达安全使用的重要性，避免因安全违规而导致的法律诉讼和罚款。此外，符合安全标准的设备也更容易获得监管部门的批准和许可，有助于企业顺利开展生产运营，并提升企业的市场竞争力。安全标识的设置在提升工作场所整体安全文化和环境质量方面也起到了积极作用。通过在设备操作区域设置标识和警示标志，不仅能够提升操作员的安全意识和行为规范，还能够促进员工之间的安全沟通和团队合作。操作员能够更加自觉地遵守安全操作规程，互相提醒和监督，共同维护良好的工作环境和秩序。这种安全文化的建设不仅有助于降低事故发生的概率，还能够提升工作效率和生产质量，为企业的可持续发展和员工的健康福祉做出贡献。

3. 安全锁定

安全锁定装置通过限制或阻止操作员对设备关键部件的访问或操作，有效降低了事故发生的风险，保护操作人员的安全和设备的稳定运行。安全锁定装置在机械设计中的应用体现在对设备关键部件的控制和管理方面。某些设备具有高速旋转部件、高温表面或者液压系统等可能对操作人员构成严重威胁的部件。为了防止操作员在设备运行过程中意外接触或误操作这些危险部件，设计师可以通过设置安全锁定装置来限制对关键部件的访问或操作。例如，通过锁定开关、电子密码锁或机械防护盖等装置，确保只有经过授权和培训的操作人员能够解锁并进行操作，有效降低了操作失误和意外事故的发生概率。

安全锁定装置的设计和应用还有助于遵守相关的安全法规和标准要求。在全球范围内，各国和地区都有针对工业设备和操作的严格安全管理规定，如OSHA标准、欧盟机械指令等。在设备关键部件设置符合安全标准的安全锁定装置，不仅符合法律法规的要求，还能够有效降低企业因安全违规而可能面临的法律责任和经济损失。安全锁定装置的合理设计和应用，不仅能够提升设备操作的安全性和可靠性，还能够为企业创造安全、高效的工作环境，提升企业的市场竞争力和声誉。安全锁定装置的设置还有助于促进操作员的安全培训和意识提升。在设备操作和维护过程中，操作人员需要经过专业的安全培训和技能培训，了解和掌握设备安全操作规程和应急处理措施。设置安全锁定装置以后，操作人员必须在解锁前进行必要的身份验证和操作指导，这强化了操作员对设备安全操作流程的理解和执行能力。这种安全培训和意识提升不仅有助于降低事故发生的风险，还能够提升操作员的工作质量和安全意识，为企业的持续发展和员工的健康福祉做出积极贡献。

（二）电气安全

1. 电气绝缘

电气系统的绝缘性能直接影响到设备的稳定性、可靠性以及操作人员的安全。通过合理设计和严格控制，设计师能够有效防止漏电、短路等问题，确保电气系统在长时间稳定运行中不发生安全隐患。电气系统的绝缘设计在机械设备中的重要性体现在防止漏电和电气火灾的预防上。电气设备常常需要承载高电压和大电流，一旦电气绝缘性能不良，可能会导致电气火灾或者设备故障，对生产安全和工作人员的安全构成严重威胁。因此，设计师在电气系统的设计过程中需选择符合安全标准和规范的绝缘材料和技术，确保电气设备能够在高压和大电流条件下安全运行，并通过定期维护和检测保持绝缘性能的稳定性。良好的电气绝缘设计还能够提升设备的操作稳定性和可靠性。电气设备在运行过程中可能会遇到湿润环境、高温、化学腐蚀等外部因素的影响，这些因素可能导致绝缘材料老化、开裂或者破损，进而影响设备的电气性能和稳定性。在设计阶段选择耐高温、耐腐蚀的绝缘材料，并合理布局和设计绝缘结构，可以有效延长设备的使用寿命，降低设备故障率，提升设备的整体性能和运行效率。

良好的电气绝缘设计还能够降低设备维护成本和生产停工时间。定期的绝缘检测和维护是保证电气设备安全运行的关键措施之一。在设备设计中考虑到维护便捷性和绝缘材料的耐用性，可以减少维护人员的维修工作量，降低维修频率和成本，从而有效提升设备的整体经济效益和生产效率。良好的电气绝缘设计还有助于企业遵守相关的安全法规和标准要求。各国和地区都对电气设备的安全性和电气绝缘性能有着严格的法律法规和标准要求，如 IEC 标准、国家安全生产标准等。通过符合安全标准的电气绝缘设计，企业能够遵守法规要求，获得消费者和监管机构的信任和认可。

2. 接地保护

接地装置通过将设备的金属部件或电气设备与地面形成良好的导电连接，有效地将电荷释放到地面，防止因电气故障引发的触电事故，保护操作人员的人身安全和设备的正常运行。接地装置在机械设计中的关键作用体现在电气安全保护方面。电气设备常常承载高电压和大电流，一旦发生电气故障或者设备失效，可能会导致设备的金属外壳带电或者产生漏电现象，给操作人员造成触电危险。为设备配置可靠的接地装置，能够有效将设备的电荷释放到地面，避免设备外壳或者设备部件带电，减少操作人员因接触设备而受电击的风险，确保操作人员在工作过程中的人身安全。接地装置的设计和应用能够提升设备的电气稳定性和可靠性。在工业生产环境中，设备经常面对多种环境影响，如高温、湿润等，这些因素可能导致设备的电气系统发生腐蚀、老化或者电气接触不良，进而影响设备的电气性能和稳定运行。合理设计接地系统，选择符合安全标准和规范的接地材料和技术，能够有效降低设备因电气故障而导致的停工时间和生产成本。通过定期检查和维护接地系统，操作人员能够增强对设备电气安全的理解和执行能力，进一步降低电气事故发生的风险，保障操作人员的安全和健康。

3. 防护等级

电气防护等级指的是根据设备的使用场所、操作条件以及可能遭遇的外部环境因素，采取相应的防护措施，防止水、尘等物质进入电气系统，从而避免设备因此造成的故障或损坏。电气防护等级的选择与设备的使用环境密切相关。在工业生产和制造领域，设备可能面对多种复杂的环境条件，如高温、高湿、化学腐蚀等。不同的环境条件需要选择相应的防护等级，以确保设备的电气系统能够在恶劣环境中稳定运行。例如，对于在潮湿环境中使用的设备，应选择防水防护等级较高的电气设备，以防止水分进入电气系统引发短路或者损坏电气元件。电气防护等级的选择也涉及设备的操作条件和使用频率。一些设备可能需要频繁进行清洁和维护，因此需要选择具有较高防护等级的电气设备，以防止清洁过程中的水或清洁剂侵入电气系统。另外，对于长时间运行且工作环境比较恶劣的设备，也需要选择更高级别的防护等级，减少因外部环境因素导致的故障和损坏。

电气防护等级的选择还需考虑设备可能遭遇的物理和化学因素。例如，一些工业生产场所可能存在粉尘、化学腐蚀物质等，这些物质如果进入电气系统可能会导致电气元件的老化或故障。选择符合防护等级要求的密封结构和防护罩，可以有效防止尘埃、化学物质等外部物质侵入电气系统，确保设备的长期可靠运行和安全操作。合理选择电气防护等级还有助于企业遵守相关的安全法规和标准要求。各国和地区对工业设备的安全性和防护等级有着严格的法律法规和标准要求，如 IP 防护等级标准、国家安全生产标准等。

（三）环境安全

1. 噪声控制

噪声控制在机械设计中的重要性体现在对操作人员听力的保护上。长期暴露在高噪声环境中会对操作人员的听力造成不可逆的损害，甚至导致听力丧失。此外，噪声还可能引起操作人员的疲劳、注意力不集中和压力增加，进而影响工作效率和安全操作。因此，设计师在机械设计中应采取各种噪声控制措施，如采用低噪声电机、优化传动系统、安装减震装置等，以有效降低机械运行时产生的噪声水平，保护操作人员的听力健康。噪声控制有助于提升工作环境的舒适度和操作人员的工作效率。在一个安静、舒适的工作环境中，操作人员能够更加专注和高效地完成工作任务。噪声不仅会分散操作人员的注意力，还可能导致沟通困难和误操作。因此，在设计中采用隔声材料、优化设备布局和安装消音装置等方法，可以显著降低工作环境中的噪声水平，提升操作人员的工作舒适度和效率。噪声控制措施的应用还有助于设备的维护和使用寿命。高噪声通常是设备振动、摩擦和不平衡等问题的表现，这些问题如果不加以控制，可能会导致设备的加速磨损和故障。通过在设计中考虑噪声控制措施，如平衡旋转部件、采用高精度加工工艺和定期维护保养，设计师可以有效减少设备的振动和摩擦。

同时，噪声控制也是企业遵守相关安全法规和标准的必要条件。对工作场所的噪声水平有严格的法规和标准要求，如 OSHA 噪声标准、欧盟噪声指令等。过在设计中采用符合标准的噪声控制措施，企业不仅能够避免因违规而面临的罚款和法律责任，还可以提升企业的社会责任形象和市场竞争力，获得员工和消费者的信任和认可。噪声控制的有效实施还需要操作人员的积极参与和配合。在设备的安装、使用和维护过程中，操作人员应接受相关的噪声控制培训，了解噪声对健康的影响和噪声控制措施的操作方法。同时，企业应定期监测和评估工作场所的噪声水平，及时发现和解决噪声问题，确保噪声控制措施的有效实施。

2. 振动控制

振动控制在机械设计中的重要性体现在防止设备和结构损坏上。机械设备在运行过程中不可避免地会产生振动，如果振动得不到有效控制，可能导致设备部件的疲劳破坏、松动甚至断裂，影响设备的正常运行和使用寿命。长期的振动还可能对设备的基础结构产生不利影响，导致地基沉降或结构损坏。因此，设计师在机械设计中应采用合理的结构设计和材料选择，确保设备具有良好的刚性和强度，减少振动的产生和传播。振动控制有助于提升设备的运行稳定性和工作效率。机械设备在高振动环境中运行时，其精度和稳定性会受到显著影响，进而影响生产效率和产品质量。例如，在加工制造过程中，机床的振动会影响加工精度和表面质量，导致产品不合格率增加。通过在设计中采用隔振措施，如安装阻尼器，设计师可以有效减少设备的振动，提高设备的运行精度和稳定性，提升生产效率和产品质量。振动控制措施的应用还可以减少设备的维护成本和停机时间。高振动环境会加速设备部件的磨损和老化，增加维护和更换的频率，进而提高维护成本和生产停机时间。通过合理的振动控制设计，设备的运行环境得到优化，部件的磨损和老化减缓，设备的使用寿命得以延长，维护成本和停机时间大幅减少，提升企业的经济效益。

振动控制也是保障操作人员安全和工作环境舒适度的关键措施。高振动环境不仅会对设备产生不利影响，还可能对操作人员的健康和安全构成威胁。长期暴露在高振动环境中，操作人员可能会出现疲劳、注意力不集中和工作效率下降，甚至引发职业病。因此，设计师在机械设计中应充分考虑操作人员的工作环境，通过采用隔振措施和人机工程学设计，降低振动对操作人员的影响，提供一个安全、舒适的工作环境。同时，振动控制的有效实施需要企业的管理和维护支持。企业应制定严格的振动控制标准和操作规程，定期监测和评估设备的振动情况，及时发现和解决振动问题。操作人员应接受相关的振动控制培训，了解振动对设备和健康的影响，以及振动控制措施的操作方法，确保振动控制措施的有效实施。

二、机械设计中的环保要求

（一）节能设计

节能设计在机械设计中的重要性体现在降低能耗和提高能源利用效率上。传统机械设备往往存在能耗高、效率低的问题，导致大量能源浪费和生产成本增加。采用高效电机、变频器等节能设备能够显著提高机械设备的运行效率。例如，高效电机相比传统电机具有更高的能效比，能够在相同功率输出下消耗更少的电能，从而降低设备的总能耗。变频器则能够根据实际工况自动调整设备的运行速度，实现按需供能，进一步提高能源利用效率。

节能设计有助于减少企业的能源成本和运营费用。能源成本是工业生产中的重要组成部分，尤其是在高能耗行业，能源成本的高低直接影响到企业的盈利能力。通过在机械设计中采用节能技术和设备，企业能够显著降低能源消耗，减少电费开支，提升经济效益。例如，在风机、水泵等设备中应用变频器，可以根据实际需求调整运行速度，避免不必要的能源浪费，从而大幅降低运行成本。节能设计还有助于减少对环境的负面影响，推动绿色生产和可持续发展。能源消耗和碳排放是环境污染和气候变化的主要原因之一。通过采用节能技术和设备，设计师能够减少机械设备的能耗和碳排放，降低对环境的负面影响。例如，高效电机和变频器的应用可以显著减少设备的电能消耗，从而减少发电过程中的二氧化碳排放，降低温室气体的排放量，保护环境和生态系统。

节能设计还能够提升企业的市场竞争力和社会形象。环保和节能已经成为企业发展和市场竞争的重要因素。消费者和合作伙伴越来越关注企业的环保表现和社会责任。企业不仅能够提升产品的节能环保性能，还能够展示其在环保领域的积极行动和社会责任，从而获得市场和公众的认可与信任，提升企业的市场竞争力和品牌价值。同时，节能设计的有效实施需要企业的管理和技术支持。在设备的设计、制造和使用过程中，企业应制定严格的节能标准和操作规程，采用先进的节能技术和设备，确保节能设计的有效实施。操作人员应接受相关的节能培训，了解节能技术的应用方法和操作要点，确保设备在实际运行中的高效节能效果。

（二）能源回收

合理设计能源回收系统（如热能回收系统和动能回收系统），可以有效减少能源浪费，提升设备的整体能源利用效率。这样的设计不仅能够降低企业的运营成本，还能够降低对环境的负面影响。能源回收在机械设计中的重要性体现在降低能源浪费和提高能源利用效率上。机械设备在运行过程中往往会产生大量的废热和废能，如果不加以回收和利用，这些能量将会被白白浪费掉。例如，工业锅炉和发电设备在运行过程中会产生大量的余热，通过设计热能回收系统，这些余热可以被回收用于预热进料、供暖或者发电，从而提高设备的整体能源利用效率，减少能源消耗和浪费。

许多机械设备在运行过程中会产生动能，如起重机、输送带和车辆等。这些动能往往被忽视，未能得到有效利用。通过设计动能回收系统，这些设备在制动或减速过程中产生的动能可以被回收并转化为电能储存起来，供设备再次启动或用于其他用途。例如，电动汽车采用动能回收系统，可以在刹车时将动能转化为电能储存在电池中，从而延长续航里程，提升能源利用效率。能源回收系统的应用还有助于减少设备的运行成本和维护费用。通过回收和再利用废热和废能，企业可以减少对外部能源的依赖，降低能源采购成本。例如，钢铁厂在冶炼过程中产生的大量余热可以通过热能回收系统用于厂区供暖或者发电，减少对外部能源的需求，降低能源费用。同时，能源回收系统的应用还可以减少设备的磨损和故障率，降低维护和更换费用。能源回收设计也对环境保护起着积极的作用。传统机械设备的高能耗和高排放问题是环境污染和气候变化的重要原因之一。通过设计能源回收系统，设备的能源利用效率得以提升，能源消耗和碳排放量得以减少。

同时，能源回收设计的有效实施需要企业的技术支持和管理优化。企业应引入先进的能源回收技术，制定严格的能源回收标准和操作规程，确保能源回收系统的有效运行。操作人员应接受相关的能源回收培训，了解能源回收技术的应用方法和操作要点，确保设备在实际运行中的高效能源回收效果。能源回收设计的推广和应用还有助于提升企业的市场竞争力和社会形象。

第三节　安全与环保在机械加工中的实践与挑战

一、安全与环保在机械加工中的实践

（一）安全在机械加工中的实践

1. 防火措施

在机械加工车间中配备足够的灭火设备是防火措施的基础。灭火器和消防栓是最常见的灭火设备，它们能够在火灾初期迅速扑灭火源，防止火势蔓延。车间应根据面积和火灾风险合理配置灭火器的数量和类型，如干粉灭火器、二氧化碳灭火器和泡沫灭火器等，确保能有效应对不同类型的火灾。同时，应在车间内安装消防栓，并配备足够长度的消防水带，以便在紧急情况下能够迅速接通水源进行灭火。

定期检查灭火设备的状态，确保其始终处于完好可用状态。灭火器应定期检查压力表，确保压力在正常范围内，并检查灭火器的喷嘴和管道是否畅通无阻。消防栓和消防水带应定期进行水压测试，确保水压足够且水带无破损。此外，应建立健全的防火设备管理制度，明确责任人，定期进行防火检查和维护，确保灭火设备在紧急情况下能够迅速发挥作用。妥善存放和管理易燃物品是防火措施的重要环节。机械加工车间中常常使用各种润滑油、清洗剂和溶剂等易燃材料，这些材料如果存放不当，极易引发火灾。因此，车间应设置专门的易燃物品存放区域，配备防火柜和防爆容器，确保易燃物品与热源和火花设备保持足够的安全距离。同时，应严格控制易燃物品的使用量，避免在车间内堆积过多易燃材料，减少火灾隐患。

加强操作人员的防火意识和技能培训也是防火措施的重要组成部分。操作人员应熟悉车间内灭火设备的使用方法，掌握基本的灭火技能和逃生知识。在日常生产中，应严格遵守防火操作规程，避免在易燃物品附近进行电焊、切割等高温作业，防止因操作不当引发火灾。车间管理者应定期组织防火演练，提高全员的防火意识和应急处理能力，确保在火灾发生时能够迅速有效地应对。防火措施不仅在日常生产中起到预防火灾的作用，还能够在火灾初期迅速扑灭火源，减少火灾造成的损失。通过合理配置和定期检查灭火设备、妥善存放易燃物品和加强操作人员的防火培训，机械加工车间能够有效预防火灾事故的发生，保障操作人员的生命安全和企业的财产安全。

2. 防止疲劳

合理安排工作时间是防止操作人员疲劳的重要手段。长时间的连续作业容易使操作人员的身体和精神状态下降，导致注意力不集中和反应迟钝，从而增加操作失误和安全事故的风险。在机械加工车间，应根据工艺要求和操作人员的生理特点，合理安排工作班次和工作时间，避免过长的连续作业。例如，可以采用轮班制或间歇作业制，确保操作人员在长时间工作后能够及时得到休息和恢复，保持良好的工作状态。

充足的休息时间对于防止操作人员疲劳至关重要。在安排工作时间的同时，应充分考虑操作人员的休息需求，确保他们在工作间隙能够得到足够的休息。合理安排休息时间不仅可以帮助操作人员缓解疲劳，还能提高他们的工作效率和安全意识。例如，在连续工作一段时间后，可以安排短暂的休息，让操作人员放松身心、恢复精力。此外，车间管理者应鼓励操作人员在休息时间内进行适当的运动和放松活动，以进一步缓解工作压力和身体疲劳。防止疲劳的另一项重要措施是优化工作环境。在机械加工车间中，良好的工作环境对于操作人员的身心健康和工作效率具有重要影响。车间应提供充足的照明、通风和降噪设施，确保操作人员在良好的环境条件下工作。例如，合理的照明可以减轻操作人员的眼睛疲劳；良好的通风可以保持空气流通和清新，降低有害气体的浓度；降噪设施可以减少噪声对操作人员的干扰和影响，从而提高他们的工作舒适度和注意力集中度。操作人员的健康管理也是防止疲劳的重要环节。车间管理者应定期组织操作人员进行健康检查，及时发现和解决潜在健康问题，确保他们的身体状况适合工作要求。

操作人员应注意饮食和作息规律，保持良好的生活习惯和健康状态。同时，车间管理者应建立健全的健康管理制度，提供必要的医疗和保健服务，帮助操作人员缓解工作压力和身体疲劳，提高他们的工作效率和安全意识。

操作人员的培训和教育也是防止疲劳的重要措施之一。车间管理者应定期组织操作人员参加安全培训和技能提升课程，提高他们的安全意识和操作技能。通过培训，操作人员可以了解疲劳对安全生产的影响，掌握预防疲劳和缓解压力的方法，增强自我保护意识和能力。例如，培训课程可以包括疲劳管理、时间管理和应对压力等内容，帮助操作人员在日常工作中科学管理时间和精力。车间管理者应建立健全的疲劳管理制度，明确操作人员的工作时间和休息时间规定，定期检查和评估操作人员的工作状态，及时调整工作安排和休息时间，防止因疲劳导致的操作失误和安全事故。例如，可以建立操作人员的工作日志和休息记录，定期进行工作状态评估和调整，确保每位操作人员在合适的时间得到充分休息和恢复。

（二）环保在机械加工中的实践

1. 废物管理

机械加工过程中产生的废金属、废液和废气，如果处理不得当，可能对环境造成严重污染，因此需要采取分类回收和处理措施，以减少其对环境的负面影响。废金属的分类回收和再利用是废物管理的重要方面之一。机械加工常常会产生各种金属废料，如钢铁、铝合金等。这些废料如果能进行有效分类回收，并通过加工再利用，不仅可以减少新资源的消耗，还能有效降低能源的使用和二氧化碳的排放。例如，通过熔炼和再加工，可以将废金属转化为新的原材料，用于生产新产品，实现资源的循环利用，减少对自然资源的依赖。

废液和废气的处理也是环境保护的重要环节。润滑油、冷却液和化学溶剂等废液，以及含有粉尘和有害气体的废气，如果直接排放到环境中，不仅会污染空气和水源，还可能对工人的健康造成影响。因此，工厂应该配备先进的废液处理设备和废气处理设施，如油水分离器、空气过滤器等，将废液和废气进行有效处理和净化，达到排放标准，确保环境和工人的健康安全。机械加工企业可以采取多种措施来促进废物管理的实施和环保效果的提升。例如，建立完善的废物分类收集系统，培训员工正确处理和回收废物的方法，定期进行废物处理设施的检查和维护，确保其正常运行和高效工作。此外，还可以通过技术创新和设备更新，提高废物处理和资源回收的效率，减少不必要的资源浪费和环境污染。

2. 污染控制

污染控制在机械加工领域是环境保护的重要组成部分，其实践不仅关乎企业的法律合规性，更直接影响到周围环境和员工的健康。废气、废水和噪声是主要的污染源，因此需要采取一系列措施来减少其对环境的影响。对于废气的处理，机械加工企业应当安装合适的废气处理设备，如除尘器和过滤器。这些设备能有效捕捉和净化加工过程中产生的粉尘和有害气体，例如金属加工时产生的焊接烟尘和挥发性有机化合物。通过过滤和化学反应，将废气中的有害物质转化或捕集，减少其对大气质量的负面影响，保护周围环境的空气清洁度和生态平衡。

对于废水的处理，机械加工企业需要建立有效的废水净化系统。加工过程中产生的废水通常含有油脂、重金属和化学物质，如果未经处理直接排放，可能造成地下水和水体的污染，对生态环境造成长期危害。因此，企业应采用物理、化学和生物方法进行废水的处理和净化，确保废水排放符合环保标准，不会对周围水质和生物造成损害。噪声污染也是机械加工过程中常见的环境问题。高速旋转的机械设备、电动工具和压力机等设备在操作时会产生高强度的噪声，如果不加以控制，可能影响员工的健康和周围居民的生活质量。为了减少噪声的扩散和影响，企业可以采用消声器、隔声材料和合理的设备布局，降低机械加工过程中的噪声水平，保护员工的听力健康和居民的生活环境。

二、安全与环保在机械加工中面临的挑战

（一）安全在机械加工中面临的挑战

在机械加工领域，安全始终是一项重要挑战，涵盖了从供应链管理到生产过程再到产品运输的各个环节。为确保操作人员的安全、降低环境影响以及提升企业整体竞争力，选择具有环保资质的供应商和采用绿色物流方案显得尤为重要。选择具有环保资质的供应商是保证原材料和配件环保性的关键步骤。在全球环境意识不断提升的今天，越来越多的企业和消费者关注产品的环保性能。选择具有环保资质供应商意味着这些供应商在生产和运营过程中遵守了严格的环境管理标准，如 ISO 14001 环境管理体系认证，以及各种环保产品认证。这些认证不仅确保供应的原材料和零部件符合环保法规和标准，还能有效降低因环境污染而导致的风险和成本，提升产品的可持续性。

采用绿色物流方案是减少运输过程中能源消耗和污染排放的重要措施。机械加工过程中涉及大量的原材料和成品的运输，长途运输不仅消耗大量能源，还会产生大量的碳排放和其他环境污染物。采用绿色物流方案包括优化运输路线、选择环保运输工具（如

节能车辆、船舶等）、减少包装材料的使用等措施。通过这些措施，可以有效降低运输过程中的能源消耗和污染排放，实现节能减排的双重目标，同时降低运输成本，提升企业的竞争力。除了供应链管理和物流方案，安全在机械加工中还面临着多方面的挑战。例如，作业现场的安全管理、设备的安全维护、操作人员的安全培训等都是保障生产安全的关键环节。作业现场需要建立完善的安全管理制度和操作规范，确保设备运行稳定、操作人员遵守安全操作规程，减少事故和伤害的发生。设备的定期维护和检修也至关重要，保障设备的安全性能和稳定运行，减少因设备故障引发的安全风险。此外，对操作人员进行定期的安全培训和技能提升，提高其安全意识和应急处理能力，是保障作业现场安全的重要措施。

（二）环保在机械加工中面临的挑战

1. 市场需求

在机械加工行业，尤其是涉及环保产品和技术的市场需求面临诸多挑战。尽管环保意识的普及和法规的日益严格要求企业采用更环保的解决方案，但实际市场中环保产品的接受度并不总是高。这一现象主要受到消费者和客户关注成本和性能优势而非环保性能的影响，尤其在激烈的市场竞争中，企业往往更倾向于追求短期的经济效益，而对长期的环保投资可能表现出相对低的优先级。市场上对环保产品和技术接受度低的一大原因是成本考量。尽管环保技术的应用通常能够在长远和整体成本上带来节省，但初期投资和运营成本可能会高于传统解决方案。机械加工企业在评估时往往面临着如何平衡成本和环保性能的挑战。例如，采用环保材料或节能设备可能需要更高的投资，在竞争激烈的市场环境中这种成本上的压力对于企业来说显得尤为敏感。市场竞争的激烈也导致了企业更加关注短期的经济效益。在面对竞争对手的价格竞争和市场份额争夺时，企业往往难以承担额外的环保投资成本。企业可能倾向于选择传统技术和产品，以降低成本并迅速满足市场需求，而忽视了长期投资环保技术所带来的潜在好处。消费者和客户对环保性能的认知和重视程度也影响了市场需求的形成。尽管环保意识在全球范围内不断增强，但在实际购买决策中，消费者和客户可能更注重产品的性能、可靠性和价格等因素。对于机械加工企业而言，如何有效地传递和展示环保产品的长期价值和优势，成为挑战之一。

2. 信息和技术共享

信息和技术共享是中小企业面临的重要挑战，尤其是在获取最新环保技术和信息方面。大型企业通常拥有更多的资源和能力，能够投入研发和实施先进的环保技术中，但中小企业往往因为资源有限或者信息获取渠道不畅而难以跟上行业的发展趋势。中小企业面临的信息不对称问题导致了他们在环保技术的选择和应用上存在较大的局限性。大型企业可能通过自身的研发部门或者与科研机构的合作，可以更早地获取新技术和创新成果，从而在环保方面处于领先地位。而中小企业由于缺乏专业的技术团队或者合适的合作伙伴，往往难以获得和应用最新的环保技术，这限制了他们在提升环保水平和应对市场竞争中的能力。

大型企业的先进环保技术和经验难以有效地向中小企业转移和推广。尽管一些环保技术在大型企业中取得了成功，但要将这些技术在规模较小的企业中推广，需要考虑到中小企业的特殊情况和实际需求。例如，技术的适应性、成本效益性以及实施和运营的复杂性等因素，可能使得中小企业面临更高的门槛和风险。缺乏有效的技术转移和推广机制，使得大部分中小企业在环保技术应用上难以受益于先进经验，从而影响了整个行业的环保水平提升。除此之外，信息和技术共享的不足也间接影响了行业的整体环保进步。如果中小企业无法及时获得关于新法规、新技术或者市场趋势的信息，他们可能无法做出及时的调整和投资，从而错失了市场竞争的机会，甚至可能面临法规遵从的风险。这种信息不对称不仅增加了企业经营的不确定性，也影响了行业环保水平整体的提升速度和效果。

3. 设备更新

机械加工设备的长周期使用通常意味着这些设备在技术和环保标准上可能已经过时。随着环保法规的不断更新和加强，新设备通常设计更高效、更节能、更少污染，而老旧设备则可能无法满足这些新要求。例如，老旧设备可能使用能源效率低、废物排放高的传统技术，难以达到现代环保标准，这对企业在市场竞争中的地位和形象都带来了不小的影响。设备更新涉及资本投入的问题。新设备的购买和安装不仅需要巨额的投资，还可能需要额外的时间来进行技术集成和员工培训，以适应新设备的操作和维护。对于许多中小型机械加工企业而言，这种投资可能超出其财务承受能力，特别是在经济不稳定或竞争激烈的市场环境下，企业可能更倾向于延迟设备更新，以维持现有的生产能力和市场份额。新旧设备在系统兼容性和操作上可能存在的问题也是一个实际挑战。老旧设备的控制系统、数据接口和生产流程可能与新设备不兼容，这就需要额外的工程和技术支持来解决。操作人员可能需要接受新的操作培训和技能转换，以适应新设备的使用，这在短期内可能会对生产效率产生一定的负面影响。

企业可以考虑一些策略来降低风险和成本。建立长期的设备更新计划和预算，根据设备的实际使用状况和环保法规的更新情况，逐步进行设备替换和升级，避免突发性的大额投资压力。其次，积极寻求政府和行业组织的资助和支持，以减轻设备更新的经济负担，尤其是针对环保技术的投资，可以考虑获得补贴或优惠政策的支持。与设备供应商和技术服务提供商建立紧密的合作关系也是解决设备更新挑战的有效途径。通过与专业的技术团队合作，可以帮助企业评估现有设备的性能和可行性，制订有效的更新计划，并提供必要的技术支持和培训，以确保设备更新顺利进行，最大限度地减少生产中断和操作风险。

第四节　安全与环保对机械设计的影响与展望

一、安全与环保对机械设计的影响

（一）安全对机械设计的影响

安全意识的影响远远超出了简单的操作规范和风险管理，它直接关系到操作人员的生命安全和设备的长期稳定性。考虑设备操作过程中可能存在的安全风险，是每一个机械设计师必须高度重视的核心任务之一。通过合理的安全保护装置和操作界面设计，不仅可以有效地预防事故的发生，还能够提升设备的整体性能和使用效率。机械设计中的安全考虑主要体现为预防和减少操作过程中可能发生的意外和伤害。例如，为了保护操作人员免受设备运行时可能造成的伤害，设计师会在设备周围设置防护装置、安全栅栏和急停开关等安全设施。这些装置不仅仅是简单的安全标准的遵循，更是通过设计优化，使得操作人员在使用设备时能够更加安全和舒适地工作。通过环保设计的实施，可以显著提升设备的稳定性和可靠性。环保设计不仅关注减少设备在操作过程中可能造成的污染和能源浪费，还包括优化设备结构和材料，以降低故障率和维修频次。通过采用高效的电机、先进的传感器技术以及优化的润滑系统，可以有效地延长设备的使用寿命，减少因故障带来的生产停工和维修成本，从而提升设备的经济效益和操作效率。

安全意识的融入还有助于提升整个企业的生产效率和员工的工作满意度。良好的安全设计不仅关注设备本身的安全性，还包括操作界面的人机工程学设计，使得操作人员能够更加便捷和高效地使用设备。例如，设计直观的操作界面、合理的按钮布局和清晰的警示标识，可以大幅降低操作失误的可能性，提高工作效率和生产质量。安全对机械设计的影响还体现在企业形象和市场竞争力的提升上。在当前社会和市场环境中，消费者和客户对于产品的安全性和环保性越来越关注。企业如果能够通过安全设计和环保措施，展示其对社会责任和环境保护的承诺，将有助于提升产品的市场认可度和竞争力。这不仅能够增强品牌形象，还能够吸引更多环保意识强的消费者和合作伙伴，为企业的长期可持续发展奠定坚实的基础。

（二）环保对机械设计的影响

环保在机械设计中的影响已经逐渐成为一个不可忽视的重要因素，不仅关系到企业的社会责任和法律遵从，还直接影响到产品的市场竞争力和长期可持续发展。环保意识的融入意味着设计师需要考虑整个产品生命周期的环境影响。这包括从产品材料的选择、结构设计到生产过程中的资源消耗和排放控制等多个方面。例如，选择可再生材料或者具有较低环境影响的材料，设计轻量化结构以减少能源消耗，优化产品制造工艺以降低废物排放，都是在设计阶段可以采取的环保措施。环保在原材料采购和生产制造阶段的影响体现在资源利用效率和能源消耗的控制上。选择环保友好的供应商和材料，合理规划生产工艺和流程，采用节能高效的生产设备和技术，都是有效降低生产过程中碳足迹和环境污染的关键措施。通过优化供应链管理和生产运作，企业不仅可以降低成本，还可以提升生产效率，实现可持续发展的双赢局面。

环保对产品使用阶段的影响主要体现在产品的能效性能和用户体验上。设计更节能、更耐用的产品，通过技术创新和工程优化，减少产品在使用过程中的能源消耗和对环境的负面影响。例如，开发高效的动力系统、智能节能控制系统和持久耐用的部件，可以显著延长产品的使用寿命，降低用户的运营成本，同时减少废弃物和资源浪费。在产品废弃处理和循环利用阶段，环保的影响体现在如何最大限度地减少废物的排放和提升资源的再利用率上。设计师需要考虑产品在使用寿命结束后的回收性和可分解性，选择可回收和可再利用的材料，优化产品的拆解和再加工过程，以实现对资源的有效管理和循环利用。通过建立闭环经济模式和循环经济体系，企业不仅可以减少环境污染，还可以降低废物处理的成本。

二、安全与环保对机械设计的展望

（一）安全对机械设计的展望

1. 智能化与自动化

通过物联网（IoT）和传感技术，可以实时监控设备运行状态，从而及时发现并预警潜在的安全隐患。传感器可以监测设备的温度、压力、振动等参数，一旦超出安全范围，系统就能够发出警报并采取相应的措施，如自动停机或者发送警报信息给操作人员，以防止事故的发生。这种实时监控和预警系统有效地减少了人为监控的依赖性，大大提高了设备在运行过程中的安全性。自动化技术的应用不仅可以减少人为操作失误，还可以通过自动检测、自动调整和自动保护功能，进一步提升设备的安全性和可靠性。例如，自动化控制系统可以根据预设的运行参数和环境条件，实时调整设备的工作模式和参数，以确保设备在最佳状态下运行。此外，自动保护功能可以及时响应各种突发状况，如过载、短路等，自动切断电源或调整工作状态，从而有效避免设备损坏或人员伤害。

随着智能化和自动化技术的不断发展，未来机械设计将更加注重整合先进的信息技术和智能控制系统，以实现更高水平的安全标准和操作效率。例如，人工智能（AI）的应用可以使设备具备更强大的自主学习和决策能力，能够根据历史数据和实时反馈优化运行策略，预测潜在的故障并提前采取措施进行修复，从而进一步提升设备的安全性和可靠性。展望未来，随着智能化技术的逐步普及和应用，机械设计将不断迈向更智能、更自动化的方向。这不仅将带来设备操作和维护成本的降低，还将提升整体生产效率和产品质量，促进工业生产的可持续发展。同时，智能化与自动化技术的结合也将为机械设计带来新的挑战和机遇，需要设计师和工程师们不断创新和探索，以应对未来工业发展的复杂需求和挑战。

2. 人机工程学优化

随着技术的不断进步和应用的深化，未来人机工程学的发展展示出了广阔的前景和潜力。优化人机界面设计是人机工程学的核心内容之一。通过合理设计操作界面，如直观的图形界面、易于理解的指示灯和按钮布局，可以使操作人员更快速、准确地掌握设备的工作状态和操作方式。例如，采用符合人体工程学原理的按钮和控制杆，以及直观的图形显示屏，可以大大降低操作人员的疲劳感和误操作的可能性。未来，随着虚拟现实（VR）和增强现实（AR）技术的应用，操作界面可能会更加智能化和互动化，通过更直观的交互方式，进一步提升操作的便捷性和安全性。

发展人机协作技术是未来人机工程学优化的重要方向之一。这包括机器人和人类操作员之间的紧密协作，通过智能传感器和算法，使机器能够识别和适应操作员的动作和意图，从而实现更高效、更安全的工作环境。例如，智能机器人可以在高风险和复杂环境中执行任务，如协助操作员进行高精度的组装工作或在危险区域进行监测和维护。这种协作不仅提高了工作效率，还减少了操作人员在危险环境中的风险和负担。展望未来，随着人工智能（AI）和机器学习技术的发展，人机协作将进一步深化和智能化。AI可以分析和预测设备运行的数据模式和异常情况，及时提供预警和建议，帮助操作员快速做出反应和调整。例如，智能化的设备可以通过学习操作员的习惯和工作方式，优化设备的运行参数，提升设备的安全性和稳定性。人机工程学的优化还将推动设备设计朝着更加人性化、智能化的方向发展。未来的设备可能会结合生物识别技术，如指纹识别或视觉识别系统，进一步加强设备的安全性和操作的个性化。这些技术的应用不仅能提升设备的使用体验，还能够为操作员提供更安全、更高效的工作环境。

3. 人工智能和大数据分析

近年来，人工智能（AI）和大数据分析技术在机械设计领域的应用越来越广泛。利用这些先进技术，可以大大提高机械设备的运行可靠性和安全性。在现代工业中，设备的稳定性和安全性对生产效率和人员安全至关重要。通过引入人工智能和大数据分析技术，企业可以更有效地预测和预防机械故障，从而显著减少停机时间和事故发生率。机器学习算法能够分析设备运行过程中的大量数据，识别出潜在的故障模式。例如，通过对传感器数据进行实时监测，AI 系统可以检测到设备异常的早期信号，如温度、振动和压力的异常变化。这些数据经过处理和分析后，可以生成故障预测模型，提前预警设备可能出现的问题，帮助企业在故障发生前采取预防措施，从而避免生产中断和财产损失。

传统的设备维护通常依赖于定期检查和维修，这种方法虽然能够保证一定的安全性，但往往存在维护过度或维护不足的情况。而通过大数据分析，可以实现更加精确地预测性维护。具体来说，数据分析可以对设备的历史运行数据进行深入挖掘，找出设备故障的根本原因和规律，从而制订更加科学合理的维护计划。这不仅可以延长设备的使用寿命，还可以降低维护成本，提高设备的利用率。在机械设备的设计阶段，工程师可以利用 AI 和大数据技术，对设计方案进行模拟和优化。例如，通过仿真软件和大数据分析，可以模拟设备在各种工况下的运行情况，找出设计中的潜在问题和优化空间。这种方法不仅可以提高设计的精确性，还可以缩短设计周期，加快产品上市时间。与此同时，AI 技术还可以帮助设计师生成多种设计方案，并通过数据分析选择最优方案，进一步提高设计效率和质量。

通过在设备上安装各种传感器，实时收集设备运行数据，并将这些数据传输到中央控制系统，AI 系统可以对设备的运行状态进行实时监控和分析。当系统检测到异常时，可以自动发出警报，甚至自动调整设备的运行参数，以确保设备的安全运行。例如，在工业机器人领域，AI 系统可以实时监控机器人的运动状态，确保其在安全范围内运行，避免发生碰撞或其他危险情况。人工智能和大数据分析技术在机械设备的故障诊断和修复中也发挥着重要作用。传统的故障诊断通常依赖于经验丰富的技术人员，而 AI 技术可以通过学习大量故障案例和维修记录，形成智能诊断系统。这些系统可以快速、准确地识别故障原因，并提供相应的修复方案。例如，通过图像识别技术，AI 系统可以检测设备表面的磨损和裂纹，判断其严重程度，并建议相应的修复措施。这样不仅可以提高故障诊断的准确性，还可以缩短维修时间，降低设备停机时间和维修成本。

4. 传感器技术

通过利用各种传感器，企业能够实时监测机械设备的运行状态，及时预警和处理潜在风险，从而确保设备的稳定运行和安全生产。在工业 4.0 时代，传感器技术已经成为智能制造的重要组成部分，其重要性不容忽视。传感器技术能够显著提高设备的运行效率和可靠性。传感器可以实时收集设备的各种运行数据，如温度、压力、振动、速度等。这些数据通过网络传输到中央控制系统，进行实时分析和处理。比如，温度传感器可以检测设备的工作温度，若发现温度异常升高，系统可以自动调整设备的工作参数，或者发出警报提示操作人员进行检查和维护。通过这样的实时监测和调控，设备的故障率大大降低，运行效率得到有效提升。

传感器可以持续监测设备的健康状态，识别出潜在的故障迹象。例如，振动传感器可以检测设备的振动频率和幅度，当振动数据超出正常范围时，可能预示着设备某个部件存在异常。通过早期检测和预警，操作人员可以在故障发生前进行预防性维护，避免设备突然停机和生产中断，减少经济损失。某些机械设备在运行过程中会产生高温、高压或者有害气体等危险环境。传感器可以实时监测这些环境参数，并在超出安全范围时发出警报，提示操作人员采取必要的安全措施。例如，气体传感器可以检测工作环境中的有害气体浓度，当浓度超标时，系统会自动启动通风设备，确保操作人员的安全。这样的安全监测和防护机制，有效减少了工作场所的安全事故发生。

传感器技术在优化机械设备的维护管理方面也展现出巨大潜力。传统的设备维护通常依赖于定期检查和经验判断，这种方式既费时又费力，而且无法及时发现潜在问题。通过传感器技术，企业可以实现预测性维护，即基于设备的实际运行状态进行维护。传感器持续监测设备的关键参数，并将数据传输到维护管理系统，系统通过大数据分析和机器学习算法，预测设备的维护需求和最佳维护时机。这样不仅可以延长设备的使用寿命，还可以减少维护成本，提高设备的利用率。通过将传感器与物联网技术结合，企业可以实现对设备的远程监控和管理。无论设备位于何处，操作人员只需通过网络即可实时查看设备的运行状态和各项参数，发现问题时可以远程诊断和处理。特别是在一些危险或难以到达的工作环境中，远程监控技术极大地提高了操作的安全性和便利性。

传感器不仅可以实时采集设备的运行数据，还可以对这些数据进行分类和分析，生成详细的报告和趋势图表。这些数据为企业的设备管理和决策提供了科学依据。例如，通过分析设备的历史运行数据，企业可以发现设备的运行规律和潜在问题，优化生产流程和维护计划，进一步提高生产效率和产品质量。在智能制造体系中，各种设备和系统之间需要实现高度互联和协同工作。传感器作为信息采集的关键节点，能够实现设备之间的数据共享和协同控制，推动生产过程的自动化和智能化。例如，在自动化生产线上，传感器可以实时监测每个工位的工作状态，并将数据传输到中央控制系统，系统根据数据进行实时调整和优化，提高生产线的柔性和生产效率。

（二）环保对机械设计的展望

1. 新型材料应用

随着全球环境问题日益严峻和可持续发展理念的深入人心，推广生物可降解材料、循环利用材料和碳中和材料已成为许多行业追求的目标，特别是在机械设计领域中，其潜力和影响力尤为突出。生物可降解材料的应用在减少塑料污染和资源浪费方面具有显著的环保意义。这些材料可以通过生物降解过程，将废弃物转化为有益的有机物，从而减少了对传统塑料的依赖和对环境的负面影响。生物可降解材料可以用于制造一次性零部件或包装材料，如食品包装、耐用消费品和医疗设备，有效地减少了塑料垃圾的产生，促进了循环经济的发展。

循环利用材料的广泛应用可以有效减少资源消耗和环境污染。这些材料可以来自废旧产品和材料的回收利用，通过再生制造过程，将废弃物转化为高质量的原材料，用于生产新的机械设备和部件。例如，通过回收金属、塑料和玻璃等材料，可以减少对自然资源的开采，降低生产过程中的能耗和碳排放，从而减少了对环境的负面影响。碳中和材料的应用在减少碳排放和应对气候变化方面具有重要意义。这些材料可以通过捕获和储存二氧化碳等温室气体，或者通过生产过程中的碳排放抵消措施，实现净零碳排放或净负碳排放。碳中和材料可以应用于结构部件、包装材料和能源系统等领域，推动低碳技术的发展和应用，为全球环境保护和可持续发展贡献力量。

展望未来，随着新型材料技术的不断创新和应用场景的拓展，生物可降解材料、循环利用材料和碳中和材料将在机械设计中发挥越来越重要的作用。通过推广和应用这些材料，不仅可以降低生产成本和能源消耗，还可以减少对自然资源的依赖和环境的负面影响，推动工业向着更加环保和可持续的方向发展。因此，加强对新型材料的研发和应用，促进技术创新和产业转型，将是未来机械设计中重要的发展趋势，为构建绿色、低碳的社会贡献力量。

2. 资源效率

优化材料使用和能源消耗不仅能够提高机械设备的生产效率，还能有效地降低生产成本，从而实现可持续发展的目标。优化材料使用是提升资源效率的关键一步。通过精确计算和设计，可合理选择材料规格和结构布局，最大限度地减少材料浪费和损耗。例如，采用先进的 CAD/CAM 技术进行材料切割和加工，精确控制材料的使用量和剩余材料的回收利用，有效地提高了材料的利用率和产品的质量稳定性。此外，选择可持续发展的材料，如生物基材料、循环利用材料和碳中和材料，不仅有助于降低环境负荷，还能够提升企业在市场上的竞争力。优化能源消耗是提高资源效率的另一个重要方面。机械设备在生产过程中通常需要大量的能源供应，包括电力、燃料和热能等。通过采用高效能源管理系统和节能技术，如高效电机、变频器控制和能源回收装置，可以显著降低能源消耗和生产成本。例如，在工厂设备的运行中，利用余热回收系统将废热转化为可再利用的能源，不仅减少了能源浪费，还降低了碳排放，为企业节约了大量的能源费用。

通过提高机械设备的生产效率和资源利用率，不仅能够减少对有限资源的依赖，还能够降低生产过程中的环境影响。优化的生产流程和技术创新，如自动化生产线、智能制造系统和精准控制技术，能够有效地减少废料和排放物的产生，实现资源的最大化利用和循环利用。这些措施不仅有助于提高企业的生产效率和竞争力，还能够为社会和环境做出积极的贡献。展望未来，随着科技进步和工业发展的推动，资源效率将成为机械设计和制造的重要发展方向，即通过整合先进技术和创新策略，加强材料科学、能源管理和环境工程领域的研究与应用，推动机械设备向高效能源利用和低碳排放方向发展。在全球可持续发展的背景下，提升资源效率不仅是企业发展的需要，更是促进经济增长和环境保护的重要途径，为未来社会的绿色转型和可持续发展贡献力量。

3. 节能与低碳设计

节能与低碳设计在当今机械工程领域中显得愈发重要，这不仅体现在满足日益严格的环保法规和减少能源成本上，还体现促进企业可持续发展和提升市场竞争力上。采用高效能源利用技术和优化设计，可以显著降低机械设备能源消耗和碳排放，从而实现节能和低碳化的目标。智能控制系统是实现节能与低碳设计的关键之一。这些系统基于物联网和数据分析技术，能够实时监测和调整设备运行状态，优化能源利用效率。例如，智能传感器可以实时检测设备的运行情况和环境条件，根据需求调节设备的能耗。智能控制系统还能与节能设备如节能电机和绿色供能装置结合，最大限度地提高设备的能效比，降低运行成本和碳排放。采用节能电机和绿色供能装置是实现节能与低碳设计的重要手段之一。节能电机通过优化设计和高效电磁材料的应用，比传统电机能够显著减少能源消耗。同时，绿色供能装置如太阳能发电系统、风能发电系统等，不仅能够为设备提供清洁能源，还能有效降低碳排放，减少对传统能源的依赖，实现可持续发展的目标。

优化设计和工艺流程对于节能与低碳设计至关重要。通过结构优化、材料选择和制造工艺改进，可以降低设备运行过程中的能源浪费和碳排放。例如，采用轻量化材料和高强度结构设计，减少设备的自重和能源消耗；采用先进的制造技术和精密加工工艺，提高部件的精度和耐用性，进一步减少碳排放。展望未来，随着全球环境问题的加剧和社会对可持续发展的需求增加，节能与低碳设计将成为机械工程领域的主流趋势。未来的机械设备将更加智能化、高效化和环保化，集成更多先进的节能技术和绿色能源装置，以应对日益严格的环保法规和市场竞争压力。同时，企业在实施节能与低碳设计时也需注重技术创新和成本效益，寻找符合自身发展需求和环境保护目标的最佳平衡点，为未来可持续发展贡献力量。

参考文献

[1]龚伟．机械设计中材料的选择和应用解析[J]．造纸装备及材料,2020,49(01):53.

[2]方军．现代机械设计制造中融入创新思维的重要性分析[J]．南方农机,2020,51(19):109-110.

[3]付江鹏．仿真技术在机械设计制造中的应用研究[J]．模具制造,2024,24(06):190-192.

[4]黄慧伶,袁洪彩．新型材料在机械设计与制造中的应用研究[J]．模具制造,2024,24(02):169-171+174.

[5]张伟．机械设计过程中机械材料的选择和应用[J]．普洱学院学报,2023,39(06):45-47.

[6]梁英杰．浅析机械设计中材料的选择及应用[J]．科技经济市场,2023,(11):42-44.

[7]黄文君,郭葳．浅析机械设计中材料的选择与应用[J]．石河子科技,2023,(04):30-31.

[8]张磊,伍忠辉,王杨帆,等．机械设计中的材料选择与应用[J]．集成电路应用,2023,40(02):100-101.

[9]孙慧莹,安鲁陵,任益,等．机械传动系统电加载技术研究[J]．现代制造技术与装备,2024,60(02):218-220.

[10]李彦彦,王明杰,闫羲昊,等．机械创新设计大赛指导方法研究[J]．中国教育技术装备,2021,(20):132-133+136.

[11]刘嘉璐．现代机械设计的创新方法研究[J]．内燃机与配件,2020,(04):222-224.

[12]刘源．现代机械设计的创新方法研究[J]．冶金管理,2021,(13):41-42.

[13]林哲炜．仿真技术在机械设计制造过程中的应用[J]．今日制造与升级,2023,(10):79-81.

[14]谭展．仿真技术在机械设计与制造中的应用[J]．现代制造技术与装备,2022,58(12):142-144.

[15]蔡辉,孙伟,庞子瑞．机械自动化技术在机械制造中的应用探讨[J]．冶金与材料,

2024,44(02):88-90.

[16]张锐．机械自动化技术在机械制造中的应用探究[J]．现代制造技术与装备,2023,59(12):180-182.

[17]储胜国．传统加工与数控加工技术在机械行业的发展与应用[J]．内燃机与配件,2021,(23):185-186.

[18]张成文．现代机械设计方法研究与创新[J]．科技创新导报,2019,16(27):80+82.

[19]赵小慧．现代机械设计的创新设计理论与方法[J]．内燃机与配件,2019,(06):170-171.